U0266387

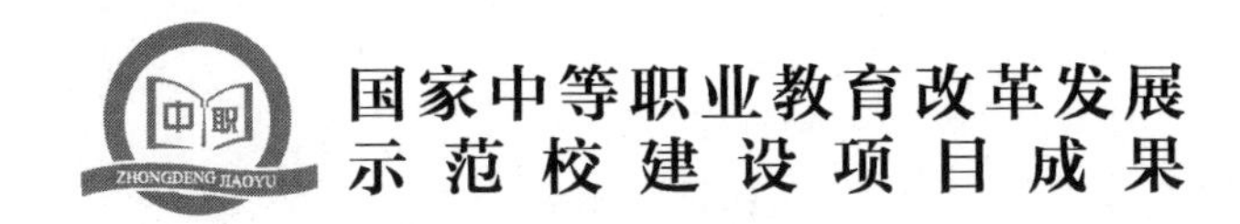

国家中等职业教育改革发展示范校建设项目成果

钳工工艺与技能训练工作页

qiangonggongyi yu jinengxunlian gongzuoye

主　编　朱秀明
副主编　郑子干
参　编　杨　武　刘明华　荆大庆

知识产权出版社
全国百佳图书出版单位

图书在版编目（CIP）数据

钳工工艺与技能训练工作页/朱秀明主编．—北京：知识产权出版社，2015.6

国家中等职业教育改革发展示范校建设项目成果

ISBN 978-7-5130-2191-3

Ⅰ.①钳…　Ⅱ.①朱…　Ⅲ.①钳工—中等专业学校—教材　Ⅳ.①TG9

中国版本图书馆 CIP 数据核字（2013）第 178914 号

责任编辑：石陇辉　　**责任校对**：董志英

版式设计：刘　伟　　**责任出版**：孙婷婷

国家中等职业教育改革发展示范校建设项目成果

钳工工艺与技能训练工作页

主编　朱秀明

出版发行：知识产权出版社有限责任公司　　**网　　址**：http：//www.ipph.cn

社　　址：北京市海淀区马甸南村 1 号　　**邮　　编**：100088

责编电话：82000860 转 8175　　**责编邮箱**：shilonghui@cnipr.com

发行电话：010－82000860 转 8101/8102　　**发行传真**：010－82005070/82000893

印　　刷：北京中献拓方科技发展有限公司　　**经　　销**：各大网上书店、新华书店及相关销售网点

开　　本：787mm×1092mm　1/16　　**印　　张**：5

版　　次：2015 年 6 月第 1 版　　**印　　次**：2015 年 6 月第 1 次印刷

字　　数：100 千字　　**定　　价**：18.00 元

ISBN 978-7-5130-2191-3

审定委员会

序

根据《珠海市高级技工学校“国家中等职业教育改革发展示范校建设项目任务书”》的要求，2011 年 7 月至 2013 年 7 月，我校立项建设的数控技术应用、电子技术应用、计算机网络技术和电气自动化设备安装与维修四个重点专业，需构建相对应的课程体系，建设多门优质专业核心课程，编写一系列一体化项目教材及相应实训指导书。

基于工学结合专业课程体系构建需要，我校组建了校企专家共同参与的课程建设小组。课程建设小组按照“职业能力目标化、工作任务课程化、课程开发多元化”的思路，建立了基于工作过程的、有利于学生职业生涯发展的、与工学结合人才培养模式相适应的课程体系。根据一体化课程开发技术规程，剖析专业岗位工作任务，确定岗位的典型工作任务，对典型工作任务进行整合和条理化。根据完成典型工作任务的需求，四个重点建设专业由行业企业专家和专任教师共同参与的课程建设小组开发了以职业活动为导向、以校企合作为基础、以综合职业能力培养为核心，理论教学与技能操作融合贯通的一系列一体化项目教材及相应实训指导书，旨在实现“三个合一”：能力培养与工作岗位对接合一、理论教学与实践教学融通合一、实习实训与顶岗实习学做合一。

本系列教材已在我校经过多轮教学实践，学生反响良好，可用作中等职业院校数控、电子、网络、电气自动化专业的教材，以及相关行业的培训材料。

珠海市高级技工学校

前　言

本书是数控技术应用专业优质核心课程的工作页。课程建设小组以职业岗位工作任务分析为基础，以国家职业资格标准为依据，以综合职业能力培养为目标，以典型工作任务为载体，以学生为中心，运用一体化课程开发技术规程，根据典型工作任务和工作过程设计课程教学内容和教学方法，按照工作过程的顺序和学生自主学习的要求进行教学设计并安排教学活动，共设计了9个学习任务，每个学习任务下设计了1～3个学习活动，每个学习活动通过6个教学环节完成学习活动。通过这些学习任务，重点对学生进行数控行业的基本技能、岗位核心技能的训练，并通过完成小型冲床典型工作任务的一体化课程教学达到与数控专业对应的操作工岗位的对接，实现“学习的内容是工作，通过工作实现学习”的工学结合课程理念，最终达到培养高素质技能人才的培养目标。

本书由我校数控技术应用专业相关人员与行业企业专家共同开发、编写完成。本书由朱秀明担任主编，郑子干担任副主编，参加编写的人员有杨武、刘明华、荆大庆。全书由荆大庆统稿，陈强对本书进行了审稿与指导。

由于时间仓促，编者水平有限，加之改革处于探索阶段，书中难免有不妥之处，敬请专家、同仁给予批评指正，为我们的后续改革和探索提供宝贵的意见和建议。

编　者

目　　录

学习任务一

机械制造认知

学习活动 1　生产管理讲座

【学习目标】

（1）建立岗位职能意识，增强工作责任心。

（2）学习 6S 管理，提高职业素养。

课时：6 课时。

地点：一体化钳工教学实训中心。

【实施过程】

（1）听讲座，按表 1－1 做记录。

表 1－1

主题		地点		人员		时间	
讲座内容摘要：							
讲座后记：							
记录人							

（2）请写出讲座过程中不明白的问题，准备向专家提问。

问题：____

____

____

____

答复：____

____

____

____

（3）在表 1－2 中填写个人心得体会。

表 1－2

演　讲　稿	
教师点评	

【知识拓展】

“倾听”讲座有技巧

在确定讲座时间和地点以后，考虑到听讲座的效果，需要提前出发到指定的讲座地点，如讲堂、教室或会议室，占据有利位置以保证听讲效果。其实占座也是听讲座时的一道风景，如果是受欢迎的讲座，那么这一风景就会更加“亮丽”。

等到讲座开始，就可以正式进入听众角色了。其实听讲座的过程跟课堂听课大同小异，就是专心听，兼做笔记。这里附带提个小建议，讲座笔记是讲座内容的记录，因此是具有指导作用或学术价值的，最好能准备一本专用的笔记本用于记录讲座内容。

大学讲座以学术性讲座居多，需要与演讲者同步思维，因此不妨称为“倾听”讲座。关于讲座的笔记，与课堂讲课的专业课笔记稍有不同，最好能在页首注明讲座的时间、地点、讲座主题，以及包括姓名、所属单位乃至联系方式在内的主讲者个人基本信息，其次是简明扼要地记录讲座的理论框架和基本内容，令人耳目一新的新概念、新观点，值得进一步思考、研究的空间，以及自己在听讲过程中的感悟和思考，这些学术思考的火花稍纵即逝，不管成熟与否，一定要先记录下来。因此在听讲座过程中宜采用所谓康内尔笔记法，留出笔记本边界空白部分用于笔记的整理和小结。

通常，在主讲者的讲授内容结束以后会安排自由提问和回答的时间，这几乎是大学讲座的惯例。如果对讲座中的内容有什么不明白或者不赞同的想法和观点，在自由提问阶段不妨大胆提出，这对活跃讲座气氛和释解某些疑问大有好处。提问的问题可以针对讲座内容中的不解之处，可以结合自身的专业，可以联系社会现实，也可以提出不同的理论观点和理论解释。对于个人，这既是与主讲者面对面交流的机会，又能在提问的基础上引发更多值得思考的问题。参加这样的自由提问对于思维的拓展和理论表达能力的提高会有不小的促进，提问得到的回答有助于去除疑问、拓展思路并扩大讨论。

【过程评价】

在表 1-3 中填写过程评价（1～10 分）。

表 1-3

过程评价	考勤	6S	团队合作	积极状态	挫折心态	创新指数	技能水平	已掌握知识点	签名
自检									
组检									
教师检评									

学习活动 2　参观实训基地

【学习目标】

（1）认识各种机械加工方法与设备。

（2）学习安全文明生产的现场与制度。

课时：6 课时。

地点：一体化钳工实训基地。

【实施过程】

一、参观前准备

（1）笔、笔记本、相机。

（2）安全着装。

（3）了解车间文明安全制度。

二、引导问题

（1）分别记录钻床、车床、铣床的铭牌，并查阅资料。铭牌的各项参数代表什么意思？

____

____

(2) 实训基地的标语、警示标志有哪些?

(3) 机械加工的方法有哪些?

(4) 6S 管理的内容是什么?

(5) 在车间应注意哪些安全事项?

(6) 车间分了多少个功能区域?

(7) 车间是否存在安全隐患?

【知识拓展】

海尔"日日清",管事又管人——人事管理制度

青岛海尔集团成功的秘诀之一是建立独特的人事管理制度。

为了强化企业基础管理,海尔集团于 1991 年创立并推行"日日清"管理控制系统。这一系统的核心是在人和事之间形成直接的联系,通过管事来实现管人。这一系统的具体内容可以概括为:总账不漏项,事事有人管;人人都管事,管事看效果;管人凭考核,考核为激励。这一系统从表面看是以物和事为中心对企业实行全方位的管理和控制,实际上是以人为中心在企业内形成整体上管人用人的人事管理制度。"日日清"管理控制系统分为以下三个层次。

1. 总账不漏项,事事有人管

海尔首先把企业内所有事物按事(软件)与物(硬件)分为两类,建立总账,使企业运行过程中所有的事物都在人的视野控制网络范围内,并确保控制体系完整、无漏项,然后将总账中所有的事物通过层层细化落实到各级人员,制定各级岗位职责及每件事的工作标准,每个人根据其职责建立台账,明确管理范围、工作内容、工作标准、工作频次、计划进度、完成期限、价值量等。

海尔把企业整体工作分解成一个个基本要素,在进行明确合理的分工的同时使每项工作定量化、标准化和规范化,建立责任制。在分工明确和责任到人的基础上,进一步进行协作和综合,产生整体效益,这是人事管理的首要工作。

2. 人人都管事，管事看效果

“日日清”管理控制系统在实施过程中要求任何人都必须依据控制台账，开展本职范围内的工作。由于每个人的工作指标明确，因此其工作中既有压力又有相对的自主权。在相对自由的环境下，每个人可以更好地发挥其主观能动性及自主管理的积极性，创造性地发挥其能力，力求在期限内用最短的时间，完成达到标准甚至高于标准的工作。

海尔对管理人员是用月度账加日清表控制，即每天一张表，明确一天的任务，下班时交上级领导考核，没有完成的要说明原因以及解决的办法。对生产工人是用“3E 卡”控制，此表由检查人员每小时一填，每天结束将结果与标准一一对照落实，并记录下来，先由工人自我审核，随后附上各种相关材料或说明工作绩效的证据，报上一级领导复审。

这种管理制度既有严格的管理标准，又有相对的自主权；既包含着对员工人格的尊重、劳动的尊重和才能的尊重，又包含着对员工的充分任用，更好地发挥每个员工的积极性、主动性和创造性。

3. 管人凭考核，考核为激励

海尔对员工管理时十分注重对工作绩效的考核。当管理人员和生产工人对工作自我审核后报上一级领导复审时，上一级领导将其工作进度、工作质量等内容与标准进行比较，评定出 A、B、C、D 不同的等级。这里的复审不是重复检查，而是注重实际效果，并通过对过程中某些环节有规律的抽查，来验证系统受控程度，以强化企业整体管理。复审既是对管理人员和生产工人的认真考核，又是对企业管理状况的验证和控制，这是“日日清”管理控制系统的关键环节。

海尔采取“计点到位、一岗一责、一岗一薪”的分配形式，通过复审，员工一天的工作成绩以及取得的报酬也就显示出来。管理人员根据不同管理岗位的工作要求确定基本薪金标准，再依据工作绩效考核来计算实得报酬。工人工资每天填在“3E 卡”上，月末凭“3E 卡”兑现工资。

【实践创新】

根据实训基地的情况，在表 1－4 中填写一份实训基地的考勤制度。

表 1－4

实训基地考勤制度	
   制定人：	
教师点评	

【过程评价】

在表 1 - 5 中填写过程评价（1～10 分）。

表 1—5

过程评价	考勤	6S	团队合作	积极状态	挫折心态	创新指数	技能水平	已掌握知识点	签名
自检									
组检									
教师检评									

学习任务二
项目启动

【学习目标】

（1）学会自我点评与互相交流。

（2）掌握任务书的分析方法。

（3）学会写工作计划书。

课时：12 课时。

地点：一体化钳工教学实训中心。

【任务描述】

项目启动是整个项目的前期准备工作，决定着项目过程的效率。需要详细分析任务书，合理安排、分配项目的执行计划。

【实施过程】

（1）根据自身情况，谈谈自己在技能及工作态度方面需要提升的地方。

____

____

____

（2）分析任务书。

配合机械产品展览会，现需要制作一批小型冲床，数量为 45 台，14 周完成，材料为 Q235，图样及技术要求见图 2－1，各部分零件见图 2－2，根据零件图填写表 2－1。

表 2－1

任务要点	答案 1	答案 2
项目共有多少零件		
材料是什么		
多少工时完成		
技术要求有哪些		
成本估算		
拟采用哪些加工方法		

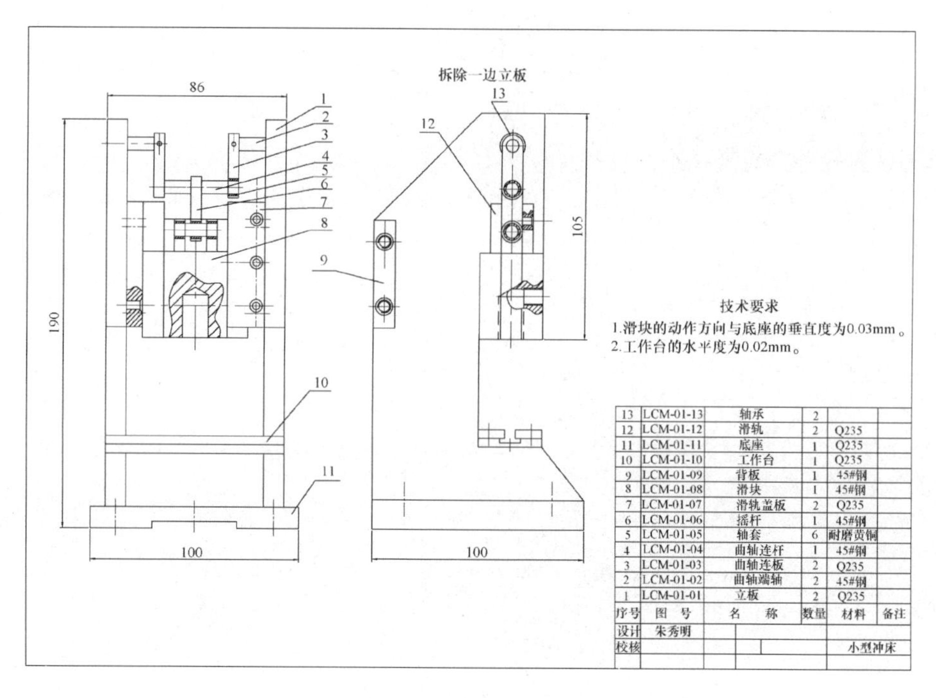

13	LCM-01-13	轴承	2		
12	LCM-01-12	滑轨	2	Q235	
11	LCM-01-11	底座	1	Q235	
10	LCM-01-10	工作台	1	Q235	
9	LCM-01-09	背板	1	45#钢	
8	LCM-01-08	滑块	1	45#钢	
7	LCM-01-07	滑轨盖板	2	Q235	
6	LCM-01-06	摇杆	1	45#钢	
5	LCM-01-05	轴套	6	耐磨黄铜	
4	LCM-01-04	曲轴连杆	1	45#钢	
3	LCM-01-03	曲轴连板	2	Q235	
2	LCM-01-02	曲轴端轴	2	45#钢	
1	LCM-01-01	立板	2	Q235	
序号	图号	名称	数量	材料	备注
设计	朱秀明				
校核				小型冲床	

图 2-1　小型冲床装配图

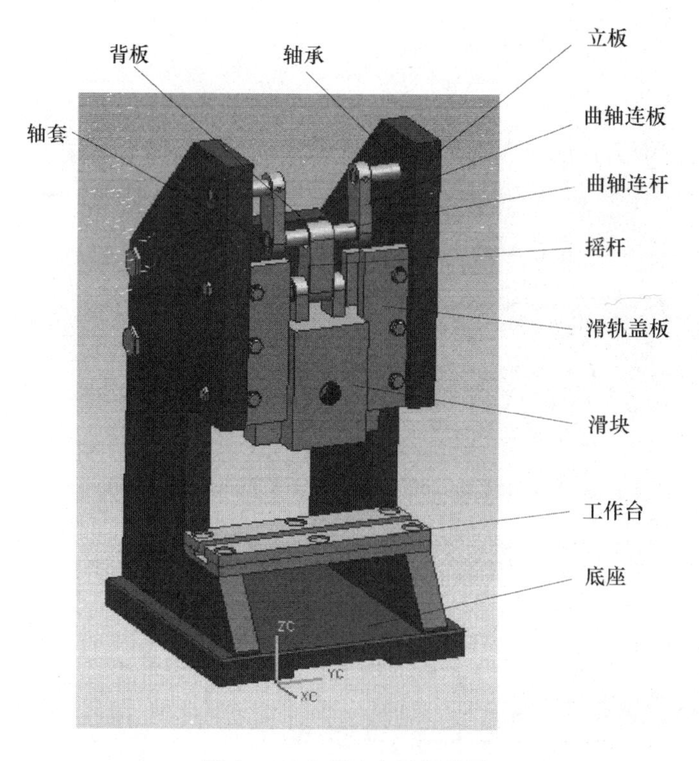

图 2-2　小型冲床零部件图

（3）在表 2－2 中填写工作计划。

表 2－2

<table>
<tr><td>工作任务编号</td><td colspan="3"></td><td>项目名称</td><td></td></tr>
<tr><td>工作任务要求</td><td colspan="5"></td></tr>
<tr><td rowspan="3">工作任务资源分配计划</td><td colspan="2">工具</td><td colspan="3"></td></tr>
<tr><td colspan="2">量具</td><td colspan="3"></td></tr>
<tr><td colspan="2">设备</td><td colspan="3"></td></tr>
<tr><td rowspan="3">工作任务时间进程计划</td><td colspan="2">时间</td><td colspan="3">拟完成的任务</td></tr>
<tr><td colspan="2"></td><td colspan="3"></td></tr>
<tr><td colspan="2"></td><td colspan="3"></td></tr>
<tr><td>责任人</td><td></td><td>拟制</td><td></td><td>日期</td><td></td></tr>
</table>

【知识拓展】

工作计划的作用

无论是单位还是个人，无论办什么事情，事先都应有个打算和安排。有了计划，工作就有了明确的目标和具体的步骤，就可以协调大家的行动，增强工作的主动性，减少盲目性，使工作有条不紊地进行。同时，计划本身又是对工作进度和质量的考核标准，对大家有较强的约束和督促作用。所以计划对工作既有指导作用，又有推动作用，搞好工作计划，是建立正常的工作秩序，提高工作效率的重要手段。

工作计划要突出：提高工作效率、提升管理水平以及化被动为主动。

1. 提高工作效率

工作有以下两种形式：

（1）消极式的工作（救火式的工作：灾难和错误已经发生后再赶快处理）。

（2）积极式的工作（防火式的工作：预见灾难和错误，提前计划，消除错误）。

写工作计划实际上就是对我们自己工作的一次盘点，让自己清清楚楚、明明白白。计划是走向积极式工作的起点。

2. 提升管理水平

个人的发展要讲长远的职业规划，对于一个不断发展壮大、人员不断增加的企业和组织来说，计划显得尤为迫切。企业小的时候，还可以不用写计划。因为企业的问题并不多，沟通与协调起来也比较简单。但是企业大了、人员多了、部门多了，问题也就多了，沟通也更困难了，计划的重要性就体现出来了。

3. 化被动为主动

有了工作计划，我们不需要再等主管或领导的吩咐，只是在某些需要决策的事情上请示主管或领导就可以了。我们可以做到整体的统筹安排，个人的工作效率自然也就提高了。通过工作计划变个人驱动的管理模式为系统驱动的管理模式，这是企业成长的必经之路。

【实践创新】

认真细读图 2－1，能否找到装配图在制图方面有可改进的地方？如果有，填写在表 2－3中。

表 2－3

教师点评	

【过程评价】

在表 2－4 中填写过程评价（1～10 分）。

表 2－4

过程评价	考勤	6S	团队合作	积极状态	挫折心态	创新指数	技能水平	已掌握知识点	签名
自检									
组检									
教师检评									

学习任务三
基础件制作

【学习目标】

（1）掌握钳工的基本技能。
（2）学会控制产品的精度要求。
（3）熟悉生产管理流程，明确岗位责任制。
课时：112 课时。
地点：一体化钳工教学实训中心。

【任务描述】

基础件是小型冲床的主要架构，需合理安排加工工艺，规范运用钳工的基本技能进行加工，正确采用测量技术来控制尺寸精度和形位公差。

学习活动 1　底座的制作

【学习目标】

（1）明确零件加工的主次技术点。
（2）学会编写加工工艺。
（3）掌握钻孔加工技术。
课时：28 课时。
地点：一体化钳工教学实训中心。
建议：底座的制作需运用钳工锉削的粗、精加工及钻孔的技术来完成。

【实施过程】

1. 分析图纸
底座效果图如图 3－1 所示，其零件图如图 3－2 所示。

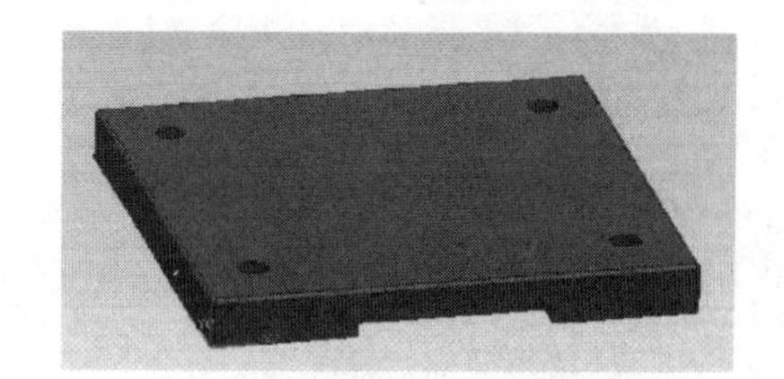

图 3-1　底座效果图

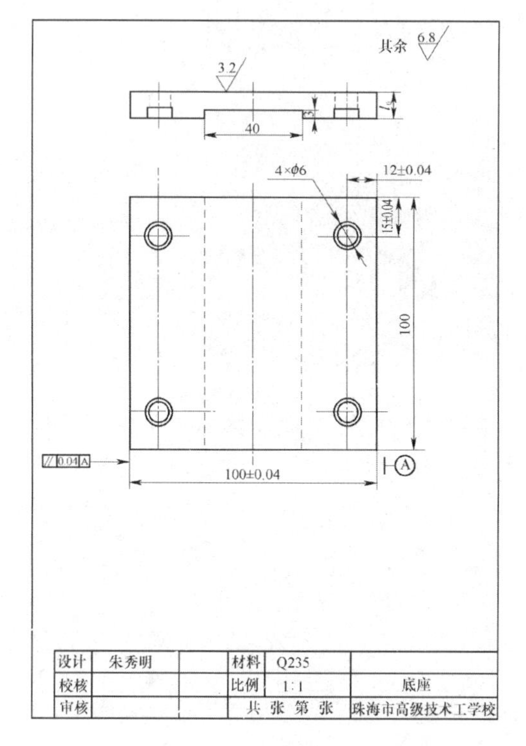

图 3-2　底座零件图

(1) 工件的外形尺寸是多少？

(2) 工件有哪几个形位公差要求？

(3) 工件的技术要求是什么？

(4) 工件的表面粗糙度要求怎样？

2. 制订活动计划

在表 3-1 中填写活动计划。

表 3 - 1

工作内容										
计划预期效果										
资源准备	工具			量具			设备			原料
	名称	型号	数量	名称	型号	数量	名称	型号	数量	
工作进程	时间安排			进程内容						负责人
制订人				制订时间						

3. 编写工艺卡

在表 3 - 2 中编写底座的加工工艺。

表 3 - 2

钳工工艺卡		产品型号		零件号	零件名称	件数	第　页	
							共　页	
零件加工路线							零件规格	
							材料	
							重量	
							毛坯料尺寸	
							零件技术要求	
序号	工步名称	设备名称	设备型号	工具编号	工具名称	工序内容	单位工时	备注

【引导问题】

1. 相关知识

（1）底座在产品的设计中起什么作用，日常生活中所看到的底座有哪些形状？都采用什么材料？

____

____

（2）各形位公差的符号代表什么意思，如何检测？填写表 3－3。

表 3－3

形位公差符号	含义	检测量具	检测方法

（3）请说出钻头的分类及应用。

____

____

（4）使用钻床应注意的事项有哪些？

____

____

2. 技能体验

（1）钻孔的位置精度如何控制，技术要点有哪些？

____

____

（2）如何钻阶梯孔？

____

____

（3）底座为什么要进行倒角？

____

____

（4）如何锉削加工工件的基准面？

____

____

（5）锉削加工的工序有哪些？

____

____

【实施过程记录】

在表 3－4 中填写加工的过程。

表 3－4

时间	遇到的问题	拟解决方案	最终解决的方法

【检测记录】

同学之间进行产品互检，填写表 3－5 的检测单。

表 3－5

<table>
<tr><td>注意事项</td><td colspan="9">（1）底座正大平面的水平度要达到要求
（2）钻定位孔时，位置精度要要达到要求</td></tr>
<tr><td rowspan="12">成绩评定</td><td>工件号</td><td></td><td>座号</td><td></td><td>姓名</td><td></td><td>总得分</td><td colspan="2"></td></tr>
<tr><td>项目</td><td colspan="3">质量检测内容</td><td>配分</td><td>评分标准</td><td>实测结果</td><td colspan="2">得分</td></tr>
<tr><td rowspan="8">底座</td><td colspan="3">（100±0.04）mm</td><td>10 分</td><td>超差不得分</td><td></td><td colspan="2"></td></tr>
<tr><td colspan="3">// 0.04</td><td>10 分</td><td>超差不得分</td><td></td><td colspan="2"></td></tr>
<tr><td colspan="3">4×ϕ6.2（4 处）</td><td>10 分</td><td>超差不得分</td><td></td><td colspan="2"></td></tr>
<tr><td colspan="3">ϕ8（4 处）</td><td>10 分</td><td>超差不得分</td><td></td><td colspan="2"></td></tr>
<tr><td colspan="3">（12±0.04）mm（4 处）</td><td>10 分</td><td>超差不得分</td><td></td><td colspan="2"></td></tr>
<tr><td colspan="3">⏥ 0.03</td><td>20 分</td><td>超差不得分</td><td></td><td colspan="2"></td></tr>
<tr><td colspan="3">40</td><td>8 分</td><td>超差不得分</td><td></td><td colspan="2"></td></tr>
<tr><td colspan="3">3.2</td><td>12 分</td><td>超差不得分</td><td></td><td colspan="2"></td></tr>
<tr><td>安全文明生产现场记录</td><td colspan="3"></td><td>10 分</td><td>违者不得分</td><td></td><td colspan="2"></td></tr>
</table>

【知识拓展】

通过网络知识学习游标卡尺的使用方法。

【实践创新】

除了图纸设计外，底座还可以是怎样的形状？请以示意图的形式在表 3－6 中表达出来。

表 3－6

底座创意设计图	
教师点评	

【过程评价】

在表 3－7 中填写过程评价（1～10 分）。

表 3－7

过程评价	考勤	6S	团队合作	积极状态	挫折心态	创新指数	技能水平	已掌握知识点	签名
自检									
组检									
教师检评									

学习活动 2　立板制作

【学习目标】

（1）掌握配钻的钻孔技术。

（2）提高锉削的技能，保证复杂零件的形状精度。

课时：56 课时。

地点：一体化钳工教学实训中心。

建议：为了完成小型冲床，按图纸需加工两块立板。两立板的形位公差与尺寸精度应控制一致。

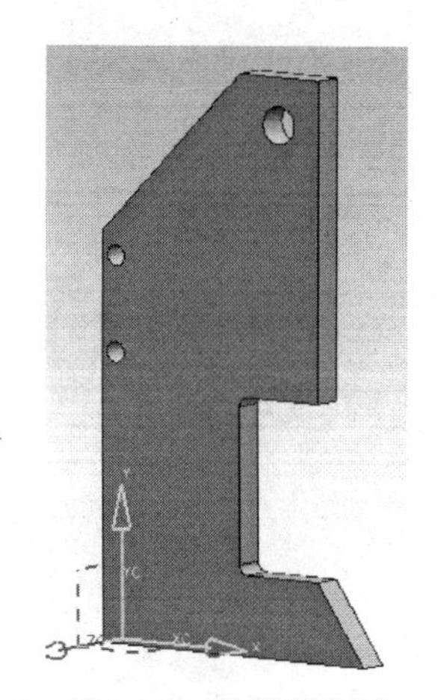

图 3－3　立柱效果图

【实施过程】

1. 分析图纸

立板效果图如图 3－3 所示，其零件图如图 3－4 所示。

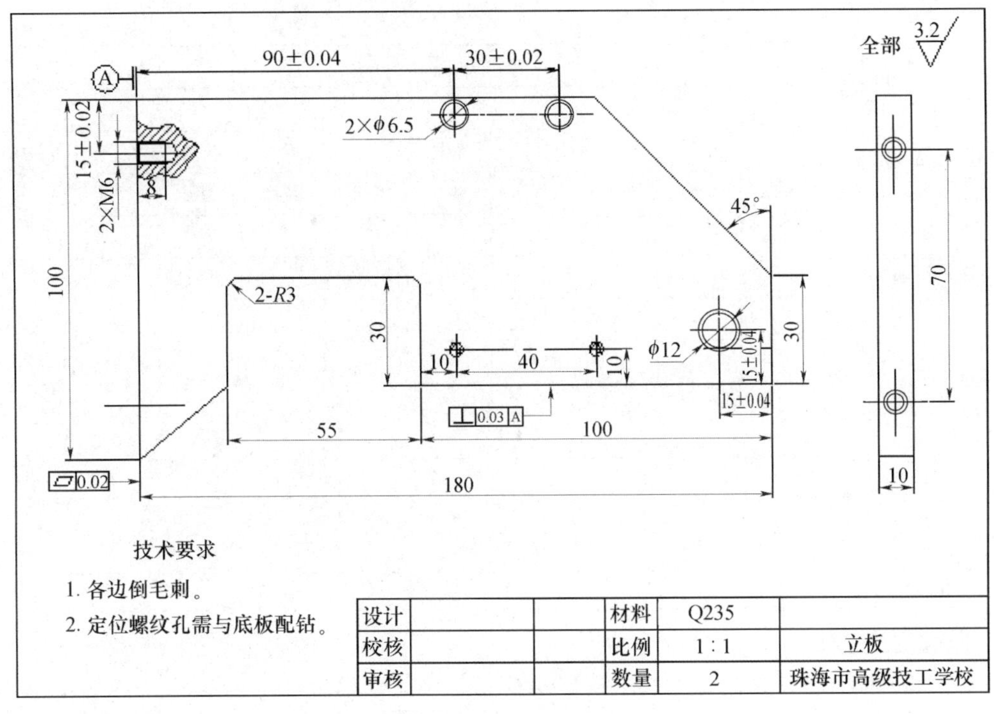

图 3－4　立板零件图

(1) 工件的外形尺寸是多少?

(2) 工件有哪几个形位公差要求?

(3) 工件的技术要求是什么?

(4) 工件的表面粗糙度要求怎样?

(5) 定位尺寸有哪些?

2. 制订活动计划

在表 3－8 中填写活动计划。

表 3－8

工作内容										
计划预期效果										
资源准备	工具			量具			设备			原料
	名称	型号	数量	名称	型号	数量	名称	型号	数量	
工作进程	时间安排			进程内容						负责人
制订人				制订时间						

3. 编写工艺卡

在表 3－9 中编写立板的加工工艺。

表 3－9

钳工工艺卡		产品型号		零件号	零件名称	件数	第　　页	
							共　　页	
零件加工路线							零件规格	
							材料	
							重量	
							毛坯料尺寸	
							零件技术要求	
序号	工步名称	设备名称	设备型号	工具编号	工具名称	工序内容	单位工时	备注

【引导问题】

1. 相关知识

(1) 万能角度尺的使用有哪些注意事项?

(2) 立板在装配后应达到的技术要求有哪些?

(3) 为什么要进行配钻?配钻前应做好哪些工作?

(4) 攻不通孔螺纹时应注意什么事项?

(5) 盲孔的深度有什么办法可以控制?

2. 技能体验

锉削斜面的要求及方法是什么?

【实施过程记录】

在表 3-10 中填写加工的过程。

表 3-10

时间	遇到的问题	拟解决方案	最终解决的方法

【检测记录】

同学们之间进行产品互检，填写表 3 - 11 的检测单。

表 3 - 11

<table>
<tr><td>注意事项</td><td colspan="7">（1）立板的固定螺钉孔需与底板配钻
（2）两立板的尺寸精度尽可能控制一致</td></tr>
<tr><td rowspan="10">成绩评定</td><td>工件号</td><td></td><td>座号</td><td>姓名</td><td></td><td>总得分</td><td></td></tr>
<tr><td>项目</td><td colspan="2">质量检测内容</td><td>配分</td><td>评分标准</td><td>实测结果</td><td>得分</td></tr>
<tr><td rowspan="7">立板</td><td colspan="2">▱ 0.03</td><td>15 分</td><td>超差不得分</td><td></td><td></td></tr>
<tr><td colspan="2">⊥ 0.03 A</td><td>15 分</td><td>超差不得分</td><td></td><td></td></tr>
<tr><td colspan="2">(90±0.04)mm</td><td>10 分</td><td>超差不得分</td><td></td><td></td></tr>
<tr><td colspan="2">(30±0.02)mm</td><td>10 分</td><td>超差不得分</td><td></td><td></td></tr>
<tr><td colspan="2">(15±0.04)mm</td><td>10 分</td><td>超差不得分</td><td></td><td></td></tr>
<tr><td colspan="2">(15±0.02)mm</td><td>10 分</td><td>超差不得分</td><td></td><td></td></tr>
<tr><td colspan="2">Ra 3.2</td><td>20 分</td><td>超差不得分</td><td></td><td></td></tr>
<tr><td>安全文明生产现场记录</td><td colspan="2"></td><td>10 分</td><td>违者不得分</td><td></td><td></td></tr>
</table>

【知识拓展】

通过网络知识学习配钻技术的应用。

【实践创新】

冲床的立柱有很多形式，请在表 3 - 12 中设计一种自己认为较好的形式。

表 3 - 12

立柱创意设计	
教师点评	

【过程评价】

在表 3-13 中填写过程评价（1～10 分）

表 3-13

过程评价	考勤	6S	团队合作	积极状态	挫折心态	创新指数	技能水平	已掌握知识点	签名
自检									
组检									
教师检评									

学习活动 3　背板制作

【学习目标】

（1）掌握多件连接的加工方法。

（2）加强小孔钻孔、攻螺纹的加工方法。

课时：28 课时。

地点：一体化钳工教学实训中心。

建议：为了完成小型冲床，按图纸需加工背板。背板是连接两立板的工件，与两立板有配合关系，需采用配钻技术。

【实施过程】

1. 分析图纸

背板的效果图如图 3-5 所示，其零件图如图 3-6 所示。

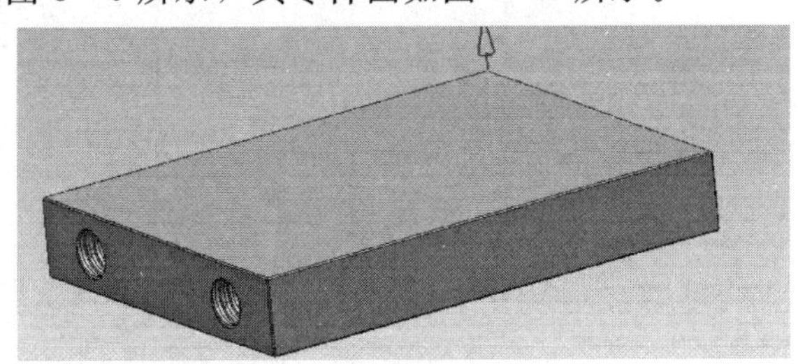

图 3-5　背板效果图

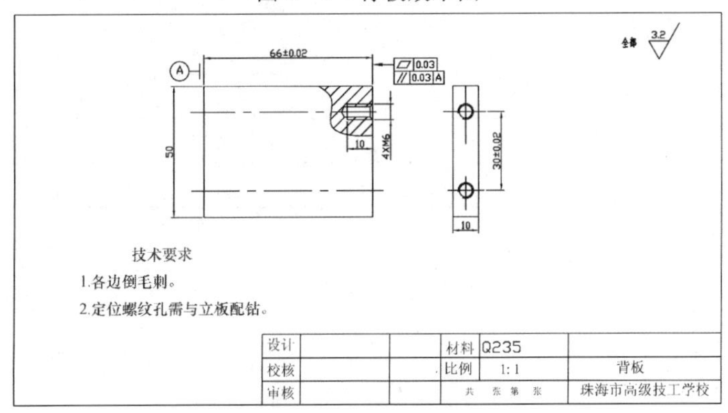

图 3-6　背板零件图

（1）工件的外形尺寸是多少？

（2）工件有哪几个形位公差要求？

（3）工件的技术要求是什么？

（4）工件的表面粗糙度要求怎样？

2. 制订活动计划

在表 3－14 中填写工作计划。

表 3－14

工作内容										
计划预期效果										
资源准备	工具			量具			设备			原料
	名称	型号	数量	名称	型号	数量	名称	型号	数量	
工作进程	时间安排			进程内容						负责人
制订人				制订时间						

3. 填写工艺卡

在表 3-15 中编写背板的加工工艺。

表 3-15

<table>
<tr><td colspan="3" rowspan="2">钳工工艺卡</td><td>产品型号</td><td>零件号</td><td>零件名称</td><td>件数</td><td colspan="2">第　　页</td></tr>
<tr><td></td><td></td><td></td><td></td><td colspan="2">共　　页</td></tr>
<tr><td colspan="2" rowspan="5">零件加工路线</td><td colspan="5" rowspan="5"></td><td>零件规格</td><td></td></tr>
<tr><td>材料</td><td></td></tr>
<tr><td>重量</td><td></td></tr>
<tr><td>毛坯料尺寸</td><td></td></tr>
<tr><td>零件技术要求</td><td></td></tr>
<tr><td>序号</td><td>工步名称</td><td>设备名称</td><td>设备型号</td><td>工具编号</td><td>工具名称</td><td>工序内容</td><td>单位工时</td><td>备注</td></tr>
<tr><td></td><td></td><td></td><td></td><td></td><td></td><td></td><td></td><td></td></tr>
<tr><td></td><td></td><td></td><td></td><td></td><td></td><td></td><td></td><td></td></tr>
<tr><td></td><td></td><td></td><td></td><td></td><td></td><td></td><td></td><td></td></tr>
<tr><td></td><td></td><td></td><td></td><td></td><td></td><td></td><td></td><td></td></tr>
<tr><td></td><td></td><td></td><td></td><td></td><td></td><td></td><td></td><td></td></tr>
<tr><td></td><td></td><td></td><td></td><td></td><td></td><td></td><td></td><td></td></tr>
<tr><td></td><td></td><td></td><td></td><td></td><td></td><td></td><td></td><td></td></tr>
<tr><td></td><td></td><td></td><td></td><td></td><td></td><td></td><td></td><td></td></tr>
<tr><td></td><td></td><td></td><td></td><td></td><td></td><td></td><td></td><td></td></tr>
<tr><td></td><td></td><td></td><td></td><td></td><td></td><td></td><td></td><td></td></tr>
<tr><td></td><td></td><td></td><td></td><td></td><td></td><td></td><td></td><td></td></tr>
<tr><td></td><td></td><td></td><td></td><td></td><td></td><td></td><td></td><td></td></tr>
</table>

【引导问题】

1. 相关知识

(1) 螺纹连接的特点是什么?

____

____

(2) 螺钉有哪几种类型?

____

____

(3) 钻床转速的选择原则是什么?

____

____

2. 技能体验

(1) 钻螺纹底孔时，装夹不好会造成什么结果?

____

____

(2) 控制钻孔的位置精度，可采用什么方法？

____

____

(3) 配钻过程中，应如何装夹工件？

____

____

【实施过程记录】

在表 3－16 中填写加工的过程。

表 3－16

时间	遇到的问题	拟解决方案	最终解决的方法

【检测记录】

同学们之间进行产品互检，填写表 3－17 的检测单。

表 3－17

注意事项	(1) 背板的固定螺钉孔需与立板配钻 (2) 背板连接两立板后，两立板仍与底板互相垂直							
成绩评定	工件号		座号		姓名		总得分	
	项目	质量检测内容			配分	评分标准	实测结果	得分
	背板	// 0.03 A			30 分	超差不得分		
		▱ 0.03			10 分	超差不得分		
		3.2			10 分	超差不得分		
		(30±0.03) mm			10 分	超差不得分		
		(60±0.02) mm			10 分	超差不得分		
		(15±0.02) mm			10 分	超差不得分		
	安全文明生产现场记录				10 分	违者不得分		

【知识拓展】

攻螺纹前底孔直径的确定

在加工刚件和塑性较大的材料及扩张量中等的条件下，钻螺纹底孔的钻头的直径 ϕ（mm）$=d$（螺纹大径，mm）$-l$（螺距，mm）；在加工铸铁和塑性较小的材料及扩张量较小的条件下，钻螺纹底孔的钻头的直径 ϕ（mm）$=d$（螺纹大径，mm）$-$（1.05－1.1）l（螺距，mm）。

（1）钻孔。攻螺纹前要先钻孔，攻螺纹过程中，丝锥牙齿对材料既有切削作用还有一定的挤压作用，所以一般钻孔直径 D 略大于螺纹的内径，可查表或根据下列经验公式计算：

加工钢料及塑性金属时 $D=d-P$

加工铸铁及脆性金属时 $D=d-1.1P$

式中：d——螺纹外径（mm）；

P——螺距（mm）。

若孔为盲孔（不通孔），由于丝锥不能攻到底，所以钻孔深度要大于螺纹长度，其大小按下式计算：

孔深度＝要求的螺纹长度＋（螺纹外径）

（2）攻螺纹时，两手握住铰杠中部，均匀用力，使铰杠保持水平转动，并在转动过程中对丝锥施加垂直压力，使丝锥切入孔内 1～2 圈。

（3）用 90°角尺，检查丝锥与工件表面是否垂直。若不垂直，丝锥要重新切入，直至垂直。

（4）深入攻螺纹时，两手紧握铰杠两端，正转 1～2 圈后反转 1/4 圈。在攻螺纹过程中，要经常用毛刷对丝锥加注机油。在攻不通孔螺纹时，攻螺纹前要在丝锥上作好螺纹深度标记。在攻螺纹过程中，还要经常退出丝锥，清除切屑。当攻比较硬的材料时，可将头、二锥交替使用。

（5）将丝锥轻轻倒转，退出丝锥，注意退出丝锥时不能让丝锥掉下。

【实践创新】

组与组之间进行一次本次活动的技术交流，填写在表 3－18 中。

表 3－18

技术交流要点	
组长评价	

【过程评价】

在表 3－19 中填写过程评价（1～10 分）。

表 3－19

过程评价	考勤	6S	团队合作	积极状态	挫折心态	创新指数	技能水平	已掌握知识点	签名
自检									
组检									
教师检评									

学习任务四

曲轴组合机构制作

【学习目标】

（1）学会分析曲轴连杆机构的运动原理。

（2）掌握曲轴的加工工艺。

课时：60课时。

地点：一体化钳工教学实训中心。

【任务描述】

为了完成小型冲床，按图纸需加工一套曲轴组合机构。曲轴分为若干个零件，加工与装配时应严格按照图纸的要求进行。

学习活动1　曲轴端轴部分制作

【学习目标】

（1）学会检测轴产品的各项要求。

（2）掌握在轴上钻孔的技术。

课时：12课时。

地点：一体化钳工教学实训中心。

建议：曲轴的端轴部分与轴承配合，因此轴的外径尺寸要严格按照图纸加工。为了安装连接，还需要在轴上钻出一个连接销孔。

【实施过程】

1. 分析图纸

曲轴端轴的效果图如图4－1所示，其零件图如图4－2所示。

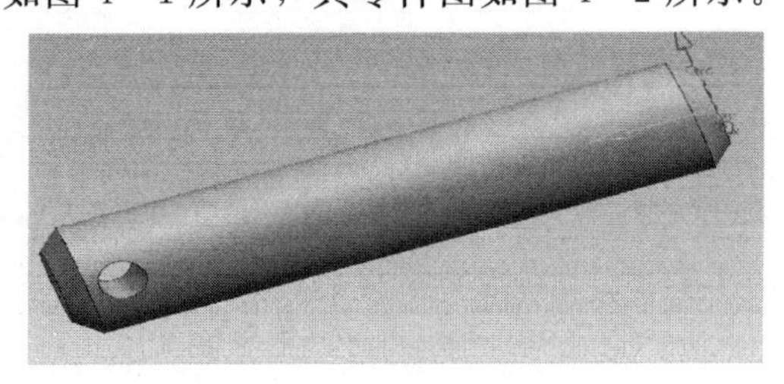

图4－1　曲轴端轴效果图

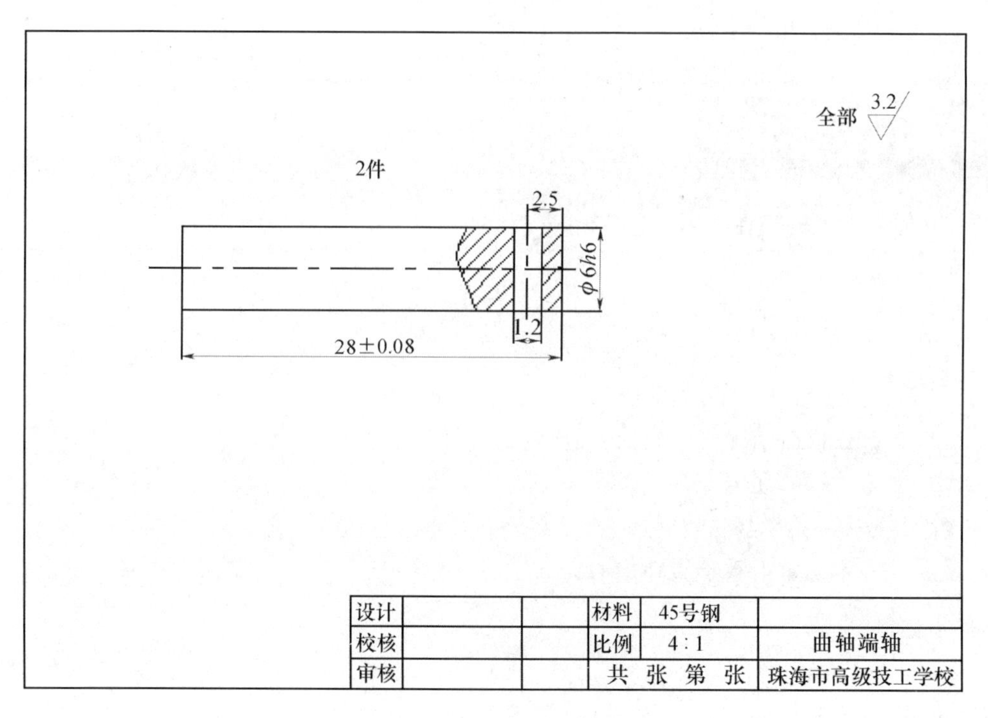

图 4－2　曲轴端轴零件图

（1）工件的外形尺寸是多少？

（2）工件有哪几个形位公差要求？

（3）工件的技术要求是什么？

（4）工件的表面粗糙度要求怎样？

2. 制订活动计划

在表 4－1 中填写工作计划。

表 4－1

工作内容										
计划预期效果										
资源准备	工具			量具			设备			原料
	名称	型号	数量	名称	型号	数量	名称	型号	数量	

续表

工作进程	时间安排	进程内容	负责人
制订人		制订时间	

3. 填写工艺卡

在表 4 - 2 中编写曲轴端轴的加工工艺。

表 4 - 2

钳工工艺卡			产品型号	零件号	零件名称	件数	第　　页	
							共　　页	
零件加工路线							零件规格	
							材料	
							重量	
							毛坯料尺寸	
							零件技术要求	
序号	工步名称	设备名称	设备型号	工具编号	工具名称	工序内容	单位工时	备注

【引导问题】

1. 相关知识

（1）轴与轴承是什么装配关系？

____

____

（2）列出公差配合的三种配合关系。

____

____

（3）分别说明百分表、千分表的读数与应用。

____

____

2. 技能体验

（1）在轴上钻孔，应如何装夹？

____

____

（2）如何进行轴承与立板、轴与轴承装配？

____

____

（3）如何检测轴的跳动量？

____

____

【实施过程记录】

在表 4 - 3 中填写加工过程。

表 4 - 3

时间	遇到的问题	拟解决方案	最终解决的方法

【检测记录】

在表 4－4 中填写检测结果。

表 4－4

<table>
<tr><td>注意事项</td><td colspan="7">（1）轴端要倒角
（2）在轴上钻孔时控制孔与轴心线的垂直度</td></tr>
<tr><td rowspan="8">成绩评定</td><td>工件号</td><td></td><td>座号</td><td></td><td>姓名</td><td></td><td>总得分</td><td></td></tr>
<tr><td>项目</td><td colspan="3">质量检测内容</td><td>配分</td><td>评分标准</td><td>实测结果</td><td>得分</td></tr>
<tr><td rowspan="5">背板</td><td colspan="3">（28±0.03）mm</td><td>30 分</td><td>超差不得分</td><td></td><td></td></tr>
<tr><td colspan="3">2.5mm</td><td>10 分</td><td>超差不得分</td><td></td><td></td></tr>
<tr><td colspan="3">3.2</td><td>30 分</td><td>超差不得分</td><td></td><td></td></tr>
<tr><td colspan="3">$\phi 6h6$</td><td>30 分</td><td>超差不得分</td><td></td><td></td></tr>
<tr><td colspan="3">倒角</td><td>10 分</td><td>超差不得分</td><td></td><td></td></tr>
<tr><td>安全文明生产现场记录</td><td colspan="3"></td><td>10 分</td><td>违者不得分</td><td></td><td></td></tr>
</table>

【知识拓展】

曲轴材料

曲轴材料一般用球墨铸铁，有一定的强度，缓冲。除了球墨铸铁，也有用中碳钢的。前者耐磨、成本低，强度比后者低。如果是船用发动机，要国外船籍社检验需要钢轴。另外有部分车曲轴材料采用合金钢。

【实践创新】

用车床可以加工曲轴吗？讲讲自己的加工方案，填写在表 4－4 中。

表 4－5

曲轴车削加工方案

教师点评	

【过程评价】

在表 4－6 中填写过程评价（1～10 分）。

表 4－6

过程评价	考勤	6S	团队合作	积极状态	挫折心态	创新指数	技能水平	已掌握知识点	签名
自检									
组检									
教师检评									

学习活动 2　曲轴连板制作

【学习目标】

（1）掌握曲轴运动的原理。

（2）认识轴、轴套、连板的装配关系。

（3）学会检测轴套类零件。

课时：20 课时。

地点：一体化钳工教学实训中心。

建议：曲轴部分可用小板块代替，尺寸精度要严格控制，而且与轴套配合符合要求。轴套的安装可采用压入式的方式进行。

【实施过程】

1. 分析图纸

曲轴连板的效果图如图 4－3 所示，其零件图如图 4－4 所示。

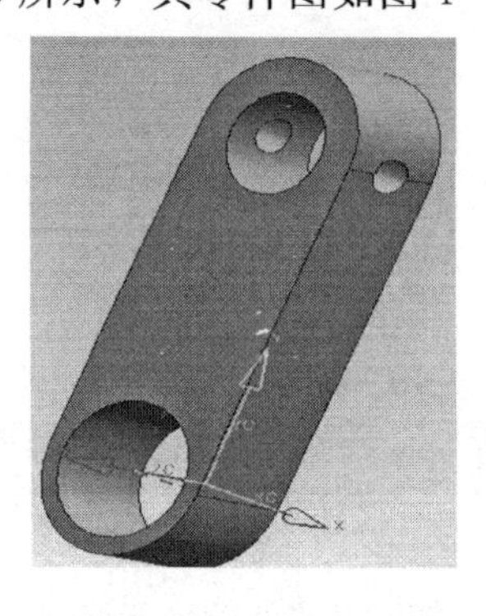

图 4－3　曲轴连板效果图

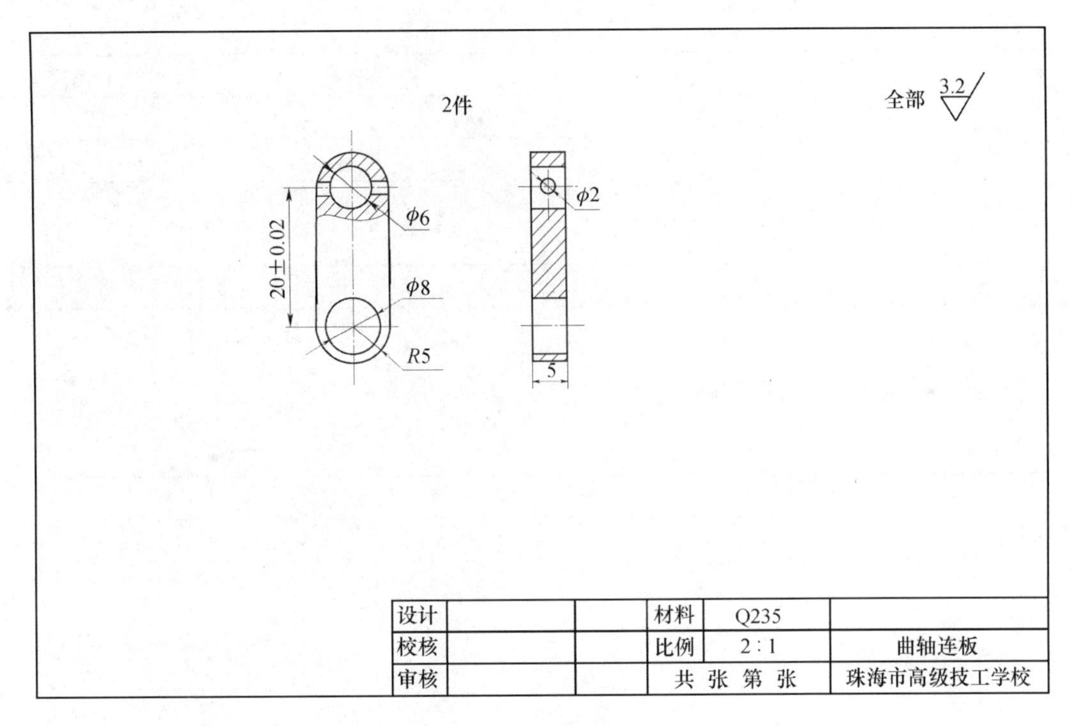

图 4-4　曲轴连板零件图

(1) 工件的外形尺寸是多少？

____

(2) 工件有哪几个形位公差要求？

____

(3) 工件的技术要求是什么？

____

(4) 工件的表面粗糙度要求怎样？

____

2. 制订活动计划

在表 4-7 中填写工作计划。

表 4-7

工作内容										
计划预期效果										
资源准备	工具			量具			设备			原料
	名称	型号	数量	名称	型号	数量	名称	型号	数量	

续表

<table>
<tr><td rowspan="5">工作进程</td><td>时间安排</td><td colspan="2">进程内容</td><td>负责人</td></tr>
<tr><td></td><td colspan="2"></td><td></td></tr>
<tr><td></td><td colspan="2"></td><td></td></tr>
<tr><td></td><td colspan="2"></td><td></td></tr>
<tr><td></td><td colspan="2"></td><td></td></tr>
<tr><td>制订人</td><td></td><td>制订时间</td><td colspan="2"></td></tr>
</table>

3. 填写工艺卡

在表 4－8 中编写曲轴连板的加工工艺。

表 4－8

<table>
<tr><td rowspan="2">钳工工艺卡</td><td>产品型号</td><td>零件号</td><td>零件名称</td><td>件数</td><td colspan="2">第　　页</td></tr>
<tr><td></td><td></td><td></td><td></td><td colspan="2">共　　页</td></tr>
<tr><td rowspan="5">零件加工路线</td><td rowspan="5" colspan="4"></td><td>零件规格</td><td></td></tr>
<tr><td>材料</td><td></td></tr>
<tr><td>重量</td><td></td></tr>
<tr><td>毛坯料尺寸</td><td></td></tr>
<tr><td>零件技术要求</td><td></td></tr>
</table>

序号	工步名称	设备名称	设备型号	工具编号	工具名称	工序内容	单位工时	备注

【引导问题】

1. 相关知识

(1) 什么是同轴度？同轴度的公差对轴的转动有什么影响？

____

(2) 产品检测岗位一般的要求是什么?

(3) 哪些项目检测时需要用千分表?

2. 技能体验

(1) 圆弧面加工的测量方法是什么?

(2) 轴套与连板的装配方法有哪些?

(3) 圆弧面的锉削加工应注意什么问题?

(4) 压入法的装配方式应注意什么问题?

(5) 如何进行轴套类零件的同轴度检测?

(6) 钻孔过程中如何控制孔的中心距尺寸?

【实施过程记录】

在表 4-9 中填写加工过程。

表 4-9

时间	遇到的问题	拟解决方案	最终解决的方法

【检测记录】

在表 4－10 中填写检测结果。

表 4－10

<table>
<tr><td>注意事项</td><td colspan="8">（1）曲轴连板的定位孔与装配孔要符合技术要求
（2）两曲轴连板的尺寸精度尽可能控制一致</td></tr>
<tr><td rowspan="10">成绩评定</td><td>工件号</td><td></td><td>座号</td><td></td><td>姓名</td><td></td><td>总得分</td><td></td></tr>
<tr><td>项目</td><td colspan="3">质量检测内容</td><td>配分</td><td>评分标准</td><td>实测结果</td><td>得分</td></tr>
<tr><td rowspan="6">曲轴连板</td><td colspan="3">（20±0.02）mm</td><td>20 分</td><td>超差不得分</td><td></td><td></td></tr>
<tr><td colspan="3">$\phi 6$</td><td>10 分</td><td>超差不得分</td><td></td><td></td></tr>
<tr><td colspan="3">$\phi 8$</td><td>10 分</td><td>超差不得分</td><td></td><td></td></tr>
<tr><td colspan="3">$R5$</td><td>10 分</td><td>超差不得分</td><td></td><td></td></tr>
<tr><td colspan="3">$\phi 2$</td><td>10 分</td><td>超差不得分</td><td></td><td></td></tr>
<tr><td colspan="3">$\sqrt{3.2}$</td><td>30 分</td><td>超差不得分</td><td></td><td></td></tr>
<tr><td>安全文明生产现场记录</td><td colspan="3"></td><td>10 分</td><td>违者不得分</td><td></td><td></td></tr>
</table>

【知识拓展】

某公司检验岗位工作要求

1. 总则

为控制公司产品质量、提升公司产品品质、提高公司产品的市场竞争力，特制定本规范。

2. 适用范围

本规范适用于产品的进货检验、中间检验及最终检验。

3. 引用标准

CY－3－001《岗位工作要求规范》、CY－3－102《进货检验规范》、CY－3－113《机械加工检验规范》、CY－3－114《过程检验规范》、CY－3－115《阀门检验与试验规范》、CY－3－116《最终检验规范》。

4. 基本要求

（1）负责公司质量的检验和试验工作，确保产品质量符合规定要求，满足客户的质量要求。对质量部的工作目标完成情况负责，对产品的错检、漏检、误检负责。检查供应商质量控制的执行情况，并随机抽查检验产品的合格情况。根据计划来执行，负责、检验、协调质量保证和过程控制活动，保证产品与客户的具体要求相一致。

（2）检验员协助采购部订货前对供应商的资质、生产能力、加工检测手段、焊接热处理条件、产品质量状况进行评估，根据采购部下达的采购检验通知单，核对供货厂家、产品型号规格、数量、材质、交货期，及时安排时间对供货厂家提供的产品进行中间过程质量抽检、产品装配质量检验、最终产品检验并记录检验结果，填写产品检验报告。

（3）根据订货数量、型号规格、材质、交货期等要求，适时要求供应商按订货情况及时安排进度，以满足交货期的要求。

【过程评价】

在表 4-11 中填写过程评价（1～10 分）。

表 4-11

过程评价	考勤	6S	团队合作	积极状态	挫折心态	创新指数	技能水平	已掌握知识点	签名
自检									
组检									
教师检评									

学习活动 3　摇板制作

【学习目标】

（1）掌握精密钻孔的技能。

（2）掌握孔轴的装配。

（3）学会检测孔中心的平行度。

（4）学会检测记录、选用零件。

课时：28 课时。

地点：一体化钳工教学实训中心。

建议：摇板是带动滑块直线上下活动的引导零件，因此孔的尺寸精度要严格控制，学会检测孔中心的平行度是关键。

【实施过程】

1. 分析图纸

摇板的效果图如图 4-5 所示，其零件图如图 4-6 所示。

（1）工件的外形尺寸是多少？

（2）工件有哪几个形位公差要求？

（3）工件的技术要求是什么？

（4）工件的表面粗糙度要求怎样？

图 4－5　摇板效果图

全部 3.2

20±0.02

2×⌀8

R5

10

技术要求
1. 去毛刺。
2. 轴套与孔的配合为过盈配合。

设计			材料	Q235	
校核			比例	1：1	摇板
审核			共　张　第　张		珠海市高级技工学校

图 4－6　摇板零件图

2. 制订活动计划

在表 4－12 中填写活动计划。

表 4－12

工作内容										
计划预期效果										
资源准备	工具			量具			设备			原料
	名称	型号	数量	名称	型号	数量	名称	型号	数量	
工作进程	时间安排			进程内容					负责人	
制订人				制订时间						

3. 填写工艺卡

在表 4－13 中编写摇板的加工工艺。

表 4－13

<table>
<tr><td colspan="4" rowspan="2">钳工工艺卡</td><td>产品型号</td><td>零件号</td><td>零件名称</td><td>件数</td><td>第　页</td></tr>
<tr><td></td><td></td><td></td><td></td><td>共　页</td></tr>
<tr><td colspan="2" rowspan="5">零件加工路线</td><td colspan="5" rowspan="5"></td><td>零件规格</td><td></td></tr>
<tr><td>材料</td><td></td></tr>
<tr><td>重量</td><td></td></tr>
<tr><td>毛坯料尺寸</td><td></td></tr>
<tr><td>零件技术要求</td><td></td></tr>
<tr><td>序号</td><td>工步名称</td><td>设备名称</td><td>设备型号</td><td>工具编号</td><td>工具名称</td><td>工序内容</td><td>单位工时</td><td>备注</td></tr>
<tr><td></td><td></td><td></td><td></td><td></td><td></td><td></td><td></td><td></td></tr>
<tr><td></td><td></td><td></td><td></td><td></td><td></td><td></td><td></td><td></td></tr>
<tr><td></td><td></td><td></td><td></td><td></td><td></td><td></td><td></td><td></td></tr>
<tr><td></td><td></td><td></td><td></td><td></td><td></td><td></td><td></td><td></td></tr>
<tr><td></td><td></td><td></td><td></td><td></td><td></td><td></td><td></td><td></td></tr>
<tr><td></td><td></td><td></td><td></td><td></td><td></td><td></td><td></td><td></td></tr>
<tr><td></td><td></td><td></td><td></td><td></td><td></td><td></td><td></td><td></td></tr>
<tr><td></td><td></td><td></td><td></td><td></td><td></td><td></td><td></td><td></td></tr>
<tr><td></td><td></td><td></td><td></td><td></td><td></td><td></td><td></td><td></td></tr>
<tr><td></td><td></td><td></td><td></td><td></td><td></td><td></td><td></td><td></td></tr>
<tr><td></td><td></td><td></td><td></td><td></td><td></td><td></td><td></td><td></td></tr>
<tr><td></td><td></td><td></td><td></td><td></td><td></td><td></td><td></td><td></td></tr>
</table>

【引导问题】

1. 相关知识

（1）中心钻一般分几种类型？使用中心钻的意义是什么？

（2）标准棒一般是检测什么项目？

（3）铰孔一般分为哪几种方式？

（4）冷却液在切削加工过程中起到什么作用？

---

2. 技能体验

（1）如何检测两孔轴线的平行度？

（2）简述扩孔的技能操作。

____

____

（3）平口钳的使用应注意什么问题？

____

____

（4）如何使用中心钻？

____

____

（5）简述铰孔的基本操作。

____

____

【实施过程记录】

在表 4－14 中填写加工过程。

表 4－14

时间	遇到的问题	拟解决方案	最终解决的方法

【检测记录】

在表 4－15 中填写检测结果。

表 4－15

<table>
<tr><td>注意
事项</td><td colspan="7">（1）摇板的装配孔与连轴配合要符合技术要求
（2）严格检测两孔轴线的平行度</td></tr>
<tr><td rowspan="9">成
绩
评
定</td><td>工件号</td><td></td><td>座号</td><td></td><td>姓名</td><td></td><td>总得分</td><td></td></tr>
<tr><td>项目</td><td colspan="3">质量检测内容</td><td>配分</td><td>评分标准</td><td>实测结果</td><td>得分</td></tr>
<tr><td rowspan="6">摇板</td><td colspan="3">（20±0.02）mm</td><td>20 分</td><td>超差不得分</td><td></td><td></td></tr>
<tr><td colspan="3">10mm</td><td>10 分</td><td>超差不得分</td><td></td><td></td></tr>
<tr><td colspan="3">ϕ8（2 孔）</td><td>10 分</td><td>超差不得分</td><td></td><td></td></tr>
<tr><td colspan="3">$R5$</td><td>10 分</td><td>超差不得分</td><td></td><td></td></tr>
<tr><td colspan="3">孔轴线平行度 0.02mm</td><td>30 分</td><td>超差不得分</td><td></td><td></td></tr>
<tr><td colspan="3">3.2</td><td>10 分</td><td>超差不得分</td><td></td><td></td></tr>
<tr><td>安全文明生
产现场记录</td><td colspan="3"></td><td>10 分</td><td>违者不得分</td><td></td><td></td></tr>
</table>

【知识拓展】

对现成零件连杆进行检测，结果填在表 4－16 中。连杆的效果图如图 4－7 所示，其零件图如图 4－8 所示。

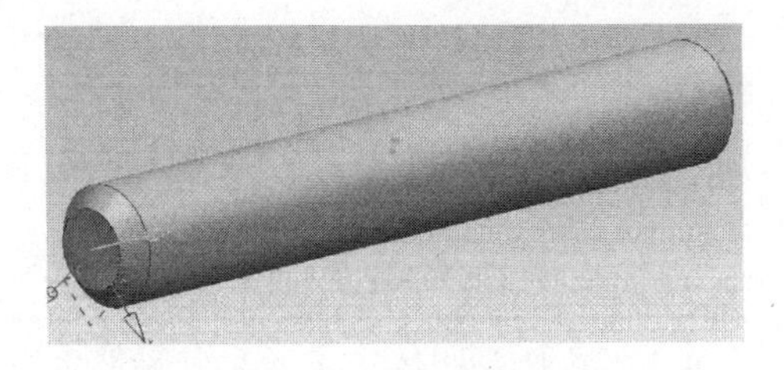

图 4－7　连杆效果图

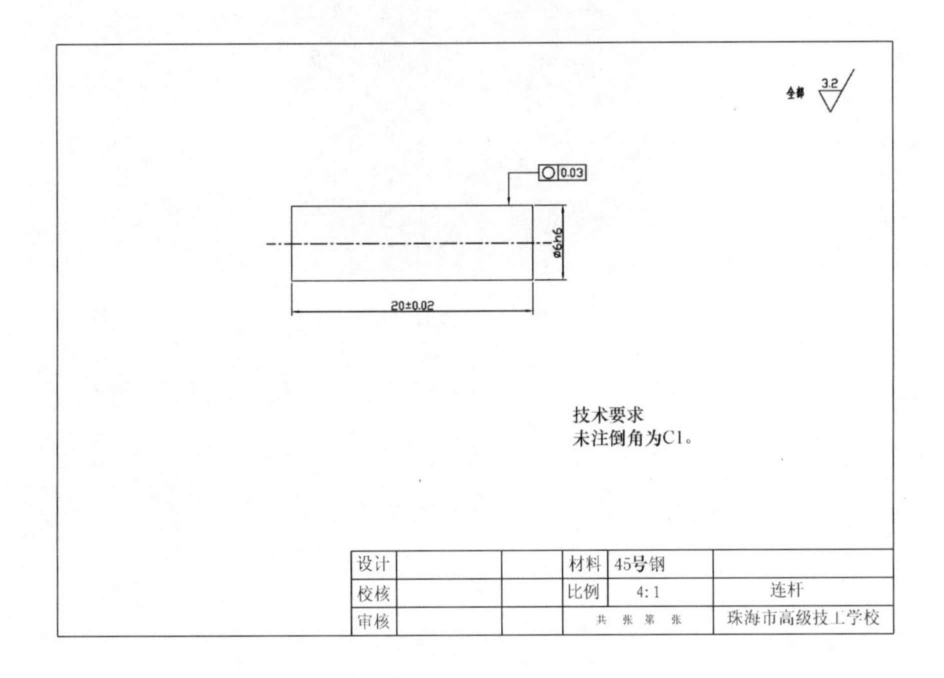

图 4－8　连杆零件图

表 4－16

零件	检测项目	实测数据记录	是否可用	原因分析
连杆	○ 0.03			
	$\phi 6h6$			
	(20±0.02) mm			

对现成零件轴套进行检测，结果填在表 4－17 中。轴套的效果图如图 4－9 所示，其

零件图如图 4－10 所示。

表 4－17

零件	检测项目	实测数据记录	是否可用	原因分析
轴套	◎ 0.02			
	$\phi 6H7$			
	$\phi 6h7$			
	5mm			

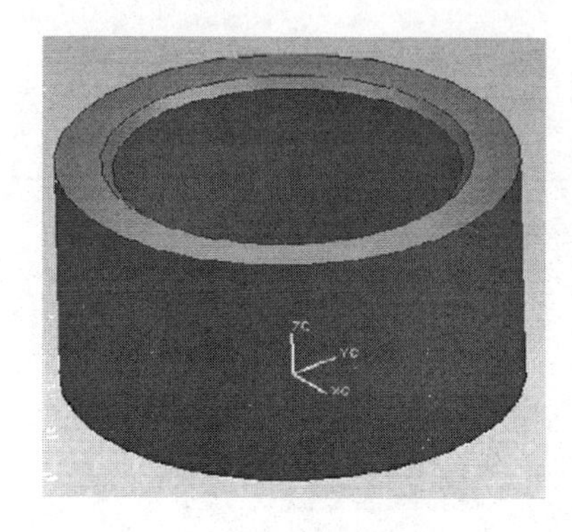

图 4－9　轴套效果图

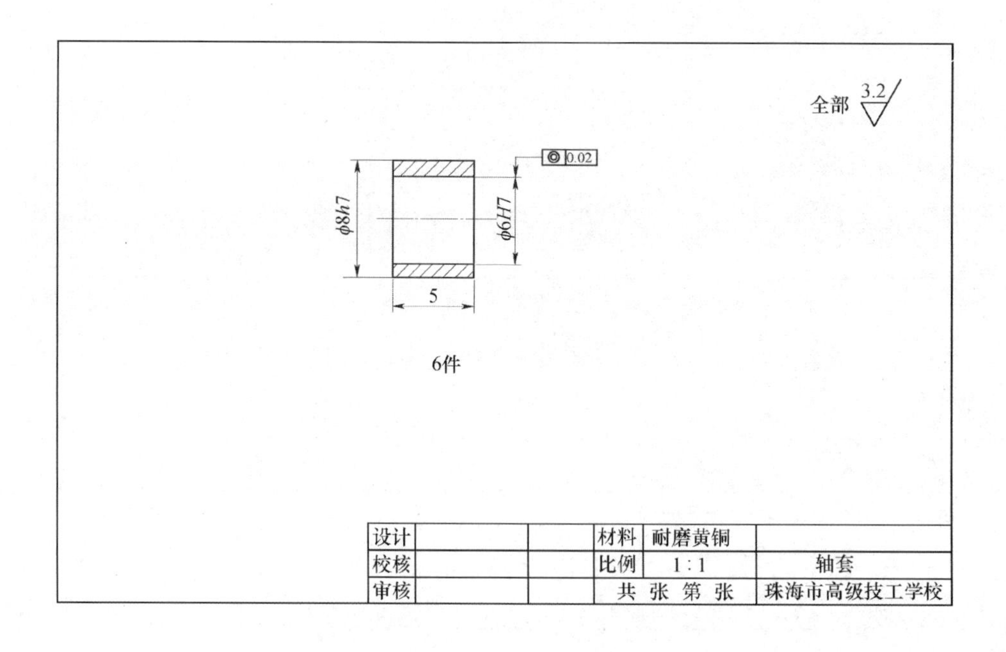

图 4－10　轴套零件图

对现成零件曲轴连杆进行检测，结果填在表 4－18 中。其零件图如图 4－11 所示。

表 4-18

零件	检测项目	实测数据记录	是否可用	原因分析
曲轴连杆	○ 0.03			
	$\phi 6h6$			
	(40±0.02) mm			

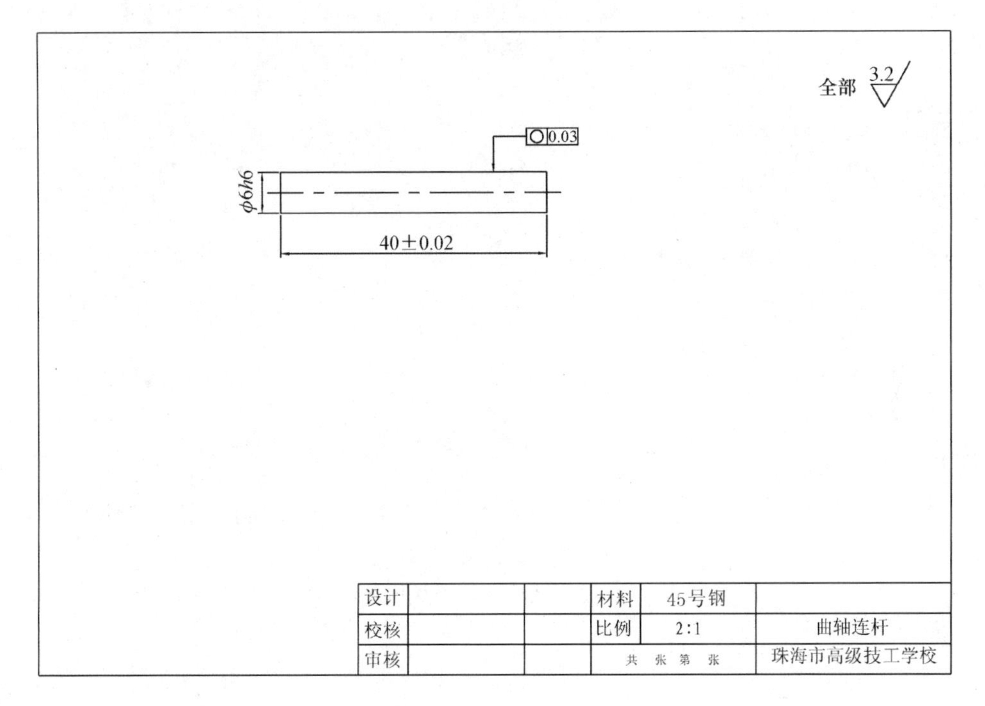

图 4-11 曲轴连杆

【过程评价】

在表 4-19 中填写过程评价（1～10 分）。

表 4-19

过程评价	考勤	6S	团队合作	积极状态	挫折心态	创新指数	技能水平	已掌握知识点	签名
自检									
组检									
教师检评									

学习任务五

滑块制作

【学习目标】

（1）掌握立体划线的方法。
（2）复杂零件的加工。
（3）表面粗糙度的控制方法。
（4）同轴度的控制方法。
课时：56 课时。
地点：一体化钳工教学实训中心。

【任务描述】

滑块是小型冲床的关键零件，滑块的尺寸、形状精度直接影响冲床的动作效果。完成滑块的加工需运用钳工的基本技能和量具的正确使用。

【实施过程】

1. 分析图纸

滑块的效果图如图 5－1 所示，其零件图如图 5－2 所示。

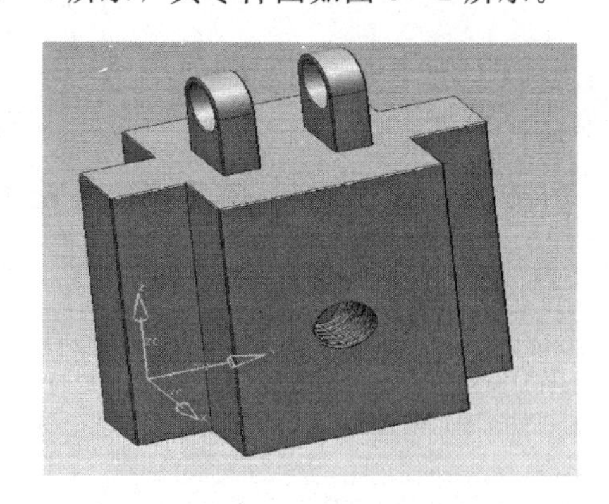

图 5－1　滑块效果图

（1）工件的外形尺寸是多少？

（2）工件有哪几个形位公差要求？

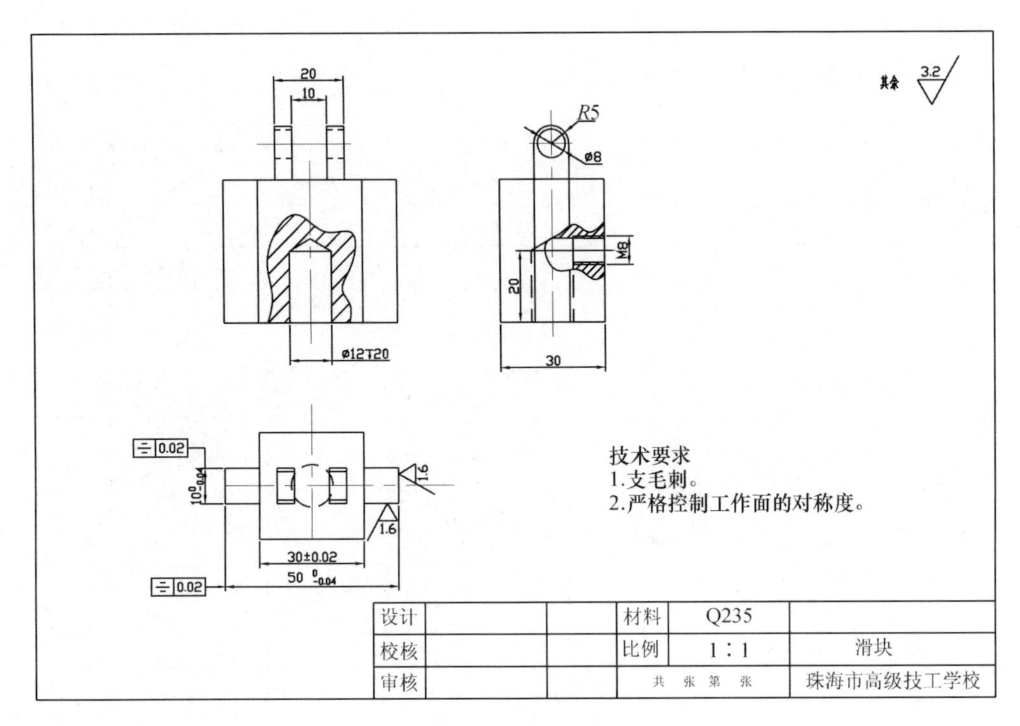

图 5－2　滑块零件图

（3）工件的技术要求是什么？

（4）工件的表面粗糙度要求怎样？

2. 制订活动计划

在表 5－1 中填写活动计划。

表 5－1

<table>
<tr><td>工作内容</td><td colspan="10"></td></tr>
<tr><td>计划预期效果</td><td colspan="10"></td></tr>
<tr><td rowspan="6">资源准备</td><td colspan="3">工具</td><td colspan="3">量具</td><td colspan="3">设备</td><td>原料</td></tr>
<tr><td>名称</td><td>型号</td><td>数量</td><td>名称</td><td>型号</td><td>数量</td><td>名称</td><td>型号</td><td>数量</td><td rowspan="5"></td></tr>
<tr><td></td><td></td><td></td><td></td><td></td><td></td><td></td><td></td><td></td></tr>
<tr><td></td><td></td><td></td><td></td><td></td><td></td><td></td><td></td><td></td></tr>
<tr><td></td><td></td><td></td><td></td><td></td><td></td><td></td><td></td><td></td></tr>
<tr><td></td><td></td><td></td><td></td><td></td><td></td><td></td><td></td><td></td></tr>
<tr><td rowspan="4">工作进程</td><td colspan="3">时间安排</td><td colspan="5">进程内容</td><td colspan="2">负责人</td></tr>
<tr><td colspan="3"></td><td colspan="5"></td><td colspan="2"></td></tr>
<tr><td colspan="3"></td><td colspan="5"></td><td colspan="2"></td></tr>
<tr><td colspan="3"></td><td colspan="5"></td><td colspan="2"></td></tr>
<tr><td>制订人</td><td colspan="3"></td><td colspan="2">制订时间</td><td colspan="3"></td><td colspan="2"></td></tr>
</table>

3. 填写工艺卡

在表 5－2 中编写滑块的加工工艺。

表 5－2

钳工工艺卡	产品型号	零件号	零件名称	件数	第　页
					共　页

零件加工路线		零件规格	
		材料	
		重量	
		毛坯料尺寸	
		零件技术要求	

序号	工步名称	设备名称	设备型号	工具编号	工具名称	工序内容	单位工时	备注

【引导问题】

1. 相关知识

（1）紧定螺钉的作用是什么？

____

____

（2）日常中，还有什么产品是用紧定螺钉固定的？

____

____

（3）生活中有作直线运动的组件，请列出相关的例子。

____

____

（4）什么是立体画线？

____

____

2. 技能体验

（1）采用什么加工方法来保证表面粗糙度？

______

______

（2）如何测量对称度？

______

______

（3）钻不通孔应注意什么问题？

______

______

（4）直角面锉削时应注意什么问题？

______

______

【实施过程记录】

在表 5 - 3 中填写加工过程。

表 5 - 3

时间	遇到的问题	拟解决方案	最终解决的方法

【检测记录】

在表 5 - 4 中填写检测结果。

表 5 - 4

<table>
<tr><td>注意事项</td><td colspan="9">（1）滑块的对称度要符合技术要求
（2）滑块的定位精度对冲床的动作影响较大</td></tr>
<tr><td rowspan="9">成绩评定</td><td>工件号</td><td></td><td>座号</td><td></td><td>姓名</td><td></td><td>总得分</td><td></td></tr>
<tr><td>项目</td><td colspan="3">质量检测内容</td><td>配分</td><td>评分标准</td><td>实测结果</td><td>得分</td></tr>
<tr><td rowspan="6">滑块</td><td colspan="3">⌯ 0.02 2 处</td><td>30 分</td><td>超差不得分</td><td></td><td></td></tr>
<tr><td colspan="3">(30±0.02) mm</td><td>15 分</td><td>超差不得分</td><td></td><td></td></tr>
<tr><td colspan="3">$50^{0}_{-0.04}$</td><td>10 分</td><td>超差不得分</td><td></td><td></td></tr>
<tr><td colspan="3">$10^{0}_{-0.04}$</td><td>15 分</td><td>超差不得分</td><td></td><td></td></tr>
<tr><td colspan="3">20mm</td><td>10 分</td><td>超差不得分</td><td></td><td></td></tr>
<tr><td colspan="3">$\sqrt{1.6}$</td><td>10 分</td><td>超差不得分</td><td></td><td></td></tr>
<tr><td>安全文明生产现场记录</td><td colspan="3"></td><td>10 分</td><td>违者不得分</td><td></td><td></td></tr>
</table>

【知识拓展】

滑　块

滑块是在模具的开模动作中能够按垂直于开合模方向或与开合模方向成一定角度滑动的模具组件。

当产品结构使得模具在不采用滑块不能正常脱模的情况下就得使用滑块了。

滑块材料本身要具备适当的硬度、耐磨性，足够承受运动的摩擦。滑块上的型腔部分或型芯部分硬度要与模腔模芯其他部分同一级别。

【实践创新】

滑块的形状还可以如何设计？填写在表 5 - 5 中。

表 5 - 5

滑块设计	
教师点评	

【过程评价】

在表 5 - 6 中填写过程评价（1～10 分）。

表 5 - 6

过程评价	考勤	6S	团队合作	积极状态	挫折心态	创新指数	技能水平	已掌握知识点	签名
自检									
组检									
教师检评									

学习任务六 滑轨制作

【学习目标】

1. 掌握测量平行度的方法。
2. 表面粗糙度的控制方法。
3. 直角面的加工方法。

课时：44 课时。

地点：一体化钳工教学实训中心。

【任务描述】

滑轨是滑块动作的重要配合件，加工滑轨时应与滑块同时配合进行。同时还需要运用熟练的钻孔技术和锉削技能才能够完成。

学习活动 1　滑轨导板制作

【学习目标】

(1) 控制滑轨的接触精度。

(2) 定位螺钉孔对滑轨位置调整的重要性。

课时：28 课时。

地点：一体化钳工教学实训中心。

建议：滑块需要在滑轨上动作，滑轨的制作和安装精度直接影响滑块的运动效果，因此对滑轨应采用配作的精加工方法。

【实施过程】

1. 分析图纸

滑轨导板的效果图如图 6－1 所示，其零件图如图 6－2 所示。

(1) 工件的外形尺寸是多少？

____

(2) 工件有哪几个形位公差要求？

____

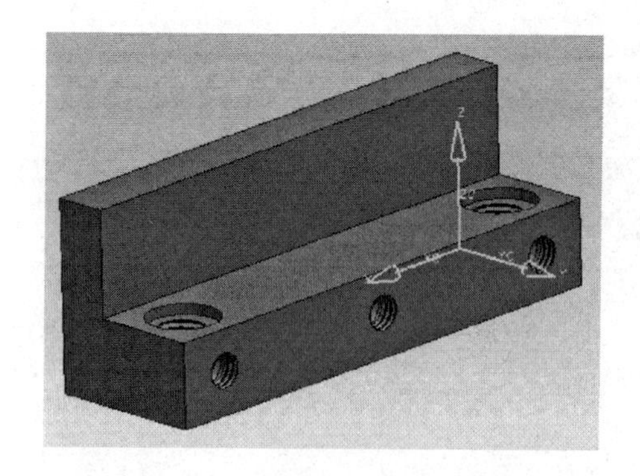

图 6－1　滑轨导板效果图

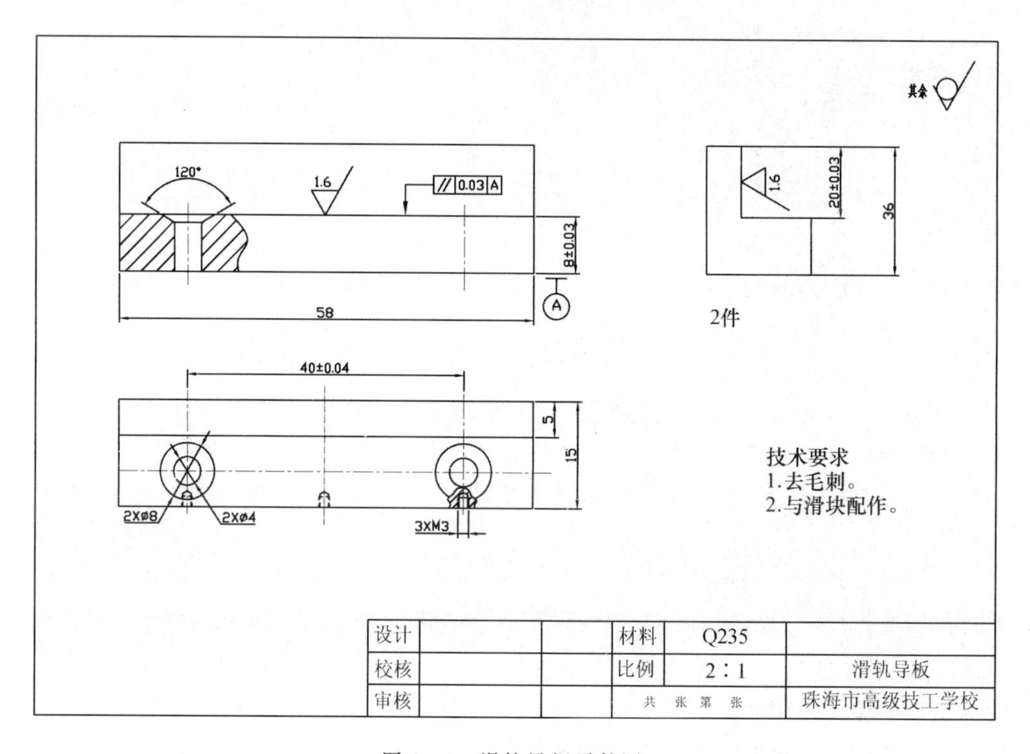

图 6－2　滑轨导板零件图

（3）工件的技术要求是什么？

____

（4）工件的表面粗糙度要求怎样？

____

2．制订活动计划

在表 6－1 中填写活动计划。

表 6-1

工作内容										
计划预期效果										
资源准备	工具			量具			设备			原料
	名称	型号	数量	名称	型号	数量	名称	型号	数量	
工作进程	时间安排			进程内容					负责人	
制订人				制订时间						

3. 填写工艺卡

在表 6-2 中编写滑轨导板的加工工艺。

表 6-2

钳工工艺卡				产品型号		零件号	零件名称	件数	第　页
									共　页
零件加工路线								零件规格	
								材料	
								重量	
								毛坯料尺寸	
								零件技术要求	
序号	工步名称	设备名称	设备型号	工具编号	工具名称	工序内容		单位工时	备注

【引导问题】

1. 相关知识

(1) 日常应用中，有哪些设备具备滑轨运动？

(2) 滑轨与滑块的相对运动需要润滑吗？如果需要应采用什么润滑剂？

2. 技能体验

(1) 沉孔的钻头如何刃磨？

(2) 导轨面的表面精度该如何控制？

(3) 导轨直角面的清角方法是什么？

(4) 试述导块与导轨的配合加工过程。

【实施过程记录】

在表 6－3 中填写加工过程。

表 6－3

时间	遇到的问题	拟解决方案	最终解决的方法

【检测记录】

在表 6－4 中填写检测结果。

表 6-4

<table>
<tr><td>注意事项</td><td colspan="8">(1) 滑轨要配合滑块进行加工
(2) 滑轨的定位精度对冲床的动作影响较大</td></tr>
<tr><td rowspan="8">成绩评定</td><td>工件号</td><td></td><td>座号</td><td></td><td>姓名</td><td></td><td>总得分</td><td></td></tr>
<tr><td>项目</td><td colspan="3">质量检测内容</td><td>配分</td><td>评分标准</td><td>实测结果</td><td>得分</td></tr>
<tr><td rowspan="5">滑轨导板</td><td colspan="3">∥ 0.03 A</td><td>20 分</td><td>超差不得分</td><td></td><td></td></tr>
<tr><td colspan="3">(8±0.03) mm</td><td>15 分</td><td>超差不得分</td><td></td><td></td></tr>
<tr><td colspan="3">(20±0.03) mm</td><td>15 分</td><td>超差不得分</td><td></td><td></td></tr>
<tr><td colspan="3">(40±0.04) mm</td><td>20 分</td><td>超差不得分</td><td></td><td></td></tr>
<tr><td colspan="3">1.6</td><td>20 分</td><td>超差不得分</td><td></td><td></td></tr>
<tr><td>安全文明生产现场记录</td><td colspan="3"></td><td>10 分</td><td>违者不得分</td><td></td><td></td></tr>
</table>

学习活动 2　滑轨盖板制作

【学习目标】

(1) 掌握零部件安装的工艺流程。

(2) 理解盖板的作用。

课时：16 课时。

地点：一体化钳工教学实训中心。

建议：盖板的加工是配合着滑块和导轨进行的。装配调整时要以滑块为基准，一边配合一边修整。

【实施过程】

1. 分析图纸

滑轨盖板的效果图如图 6-3 所示，其零件图如图 6-4 所示。

图 6-3　滑轨盖板效果图

(1) 工件的外形尺寸是多少？

____

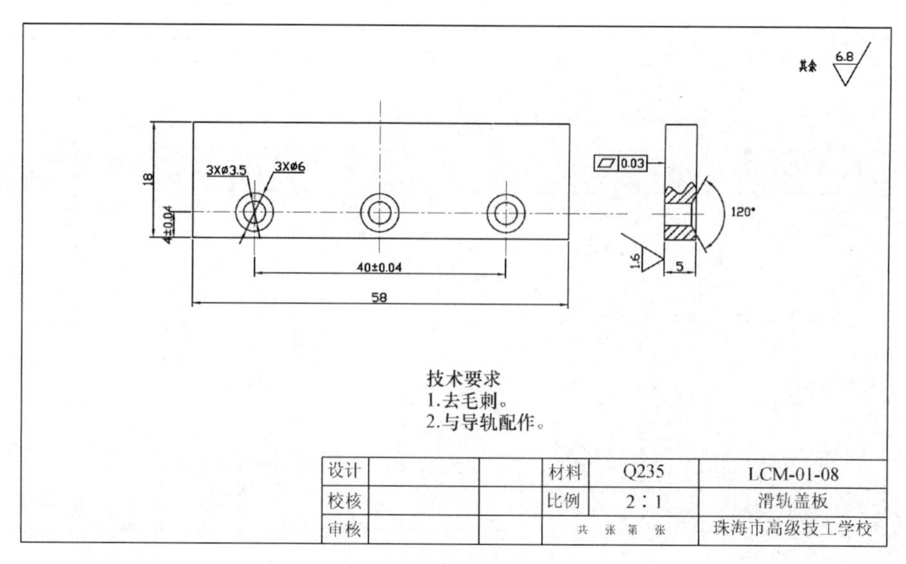

图 6-4　滑轨盖板零件图

（2）工件有哪几个形位公差要求？

___

（3）工件的技术要求是什么？

___

（4）工件的表面粗糙度要求怎样？

___

2. 制订活动计划

在表 6-5 中填写活动计划。

表 6-5

工作内容										
计划预期效果										
资源准备	工具			量具			设备			原料
	名称	型号	数量名称	型号	数量名称	型号	数量			
工作进程	时间安排			进程内容					负责人	
制订人				制订时间						

3. 填写工艺卡

在表 6 - 6 中编写滑轨盖板的加工工艺。

表 6 - 6

<table>
<tr><td colspan="2" rowspan="2">钳工工艺卡</td><td>产品型号</td><td>零件号</td><td>零件名称</td><td>件数</td><td>第　页</td></tr>
<tr><td></td><td></td><td></td><td></td><td>共　页</td></tr>
<tr><td rowspan="5">零件加工路线</td><td colspan="4" rowspan="5"></td><td>零件规格</td><td></td></tr>
<tr><td>材料</td><td></td></tr>
<tr><td>重量</td><td></td></tr>
<tr><td>毛坯料尺寸</td><td></td></tr>
<tr><td>零件技术要求</td><td></td></tr>
</table>

序号	工步名称	设备名称	设备型号	工具编号	工具名称	工序内容	单位工时	备注

【引导问题】

1. 相关知识

（1）如果缺少盖板，对产品会产生什么影响？

（2）盖板处需要加装密封垫圈吗？

2. 技能体验

（1）如何控制盖板与滑块接触面的精度？

（2）薄板类零件加工，在装夹过程中应注意什么事项？

【实施过程记录】

在表 6 - 7 中填写加工过程。

表 6 - 7

时间	遇到的问题	拟解决方案	最终解决的方法

【检测记录】

在表 6 - 8 中填写检测结果。

表 6 - 8

<table>
<tr><td>注意事项</td><td colspan="8">（1）盖板要配合滑块和导轨进行加工
（2）滑轨的定位精度对冲床的动作影响较大</td></tr>
<tr><td rowspan="9">成绩评定</td><td>工件号</td><td></td><td>座号</td><td></td><td>姓名</td><td></td><td>总得分</td><td></td></tr>
<tr><td>项目</td><td colspan="3">质量检测内容</td><td>配分</td><td>评分标准</td><td>实测结果</td><td>得分</td></tr>
<tr><td rowspan="5">滑块</td><td colspan="3">（40±0.04）mm</td><td>20 分</td><td>超差不得分</td><td></td><td></td></tr>
<tr><td colspan="3">▱ 0.03</td><td>20 分</td><td>超差不得分</td><td></td><td></td></tr>
<tr><td colspan="3">（4±0.04）mm</td><td>20 分</td><td>超差不得分</td><td></td><td></td></tr>
<tr><td colspan="3">18mm</td><td>10 分</td><td>超差不得分</td><td></td><td></td></tr>
<tr><td colspan="3">√1.6</td><td>20</td><td>超差不得分</td><td></td><td></td></tr>
<tr><td>安全文明生产现场记录</td><td colspan="3"></td><td>10 分</td><td>违者不得分</td><td></td><td></td></tr>
</table>

【知识拓展】

通过网络查询有关滑轨的信息。

【实践创新】

盖板的形状还可以怎样设计？填写在表 6 - 9 中。

表 6-9

滑块设计
设计人：

【过程评价】

在表 6-10 中填写过程评价（1～10 分）。

表 6-10

过程评价	考勤	6S	团队合作	积极状态	挫折心态	创新指数	技能水平	已掌握知识点	签名
自检									
组检									
教师检评									

学习任务七
工作台制作

【学习目标】

（1）学习工作台的参数要求。

（2）学会设计、安装、调试工作台。

课时：28 课时。

地点：一体化钳工教学实训中心。

【任务描述】

根据常用的形状特点设计冲床的工作台，加工时采用拼接的方法成型。在装配时需保持水平状态。

【实施过程】

1. 分析图纸

工作台的效果图如图 7－1 所示，其零件图如图 7－2 所示。

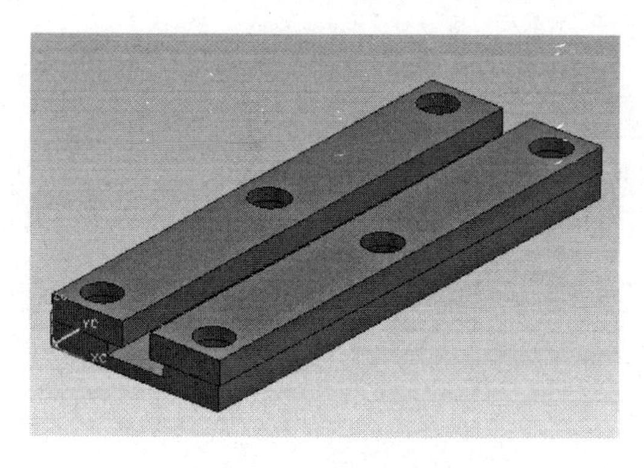

图 7－1　工作台效果图

（1）工件的外形尺寸是多少？

____

（2）工件有哪几个形位公差要求？

____

（3）工件的技术要求是什么？

____

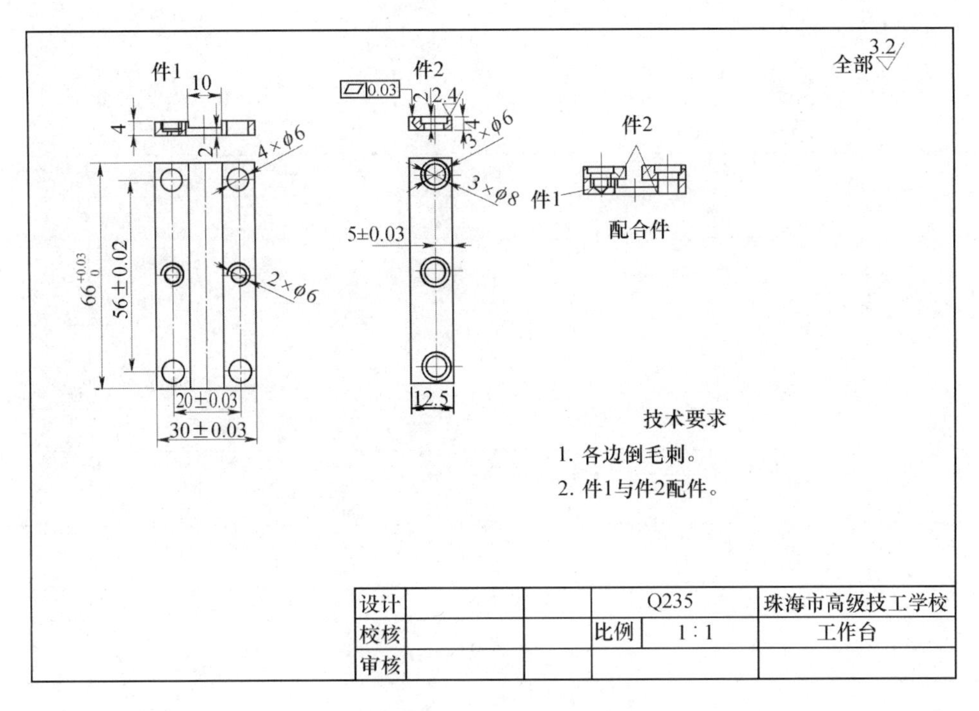

图 7－2　工作台零件图

（4）工件的表面粗糙度要求怎样？

2. 制订活动计划

在表 7－1 中填写活动计划。

表 7－1

工作内容										
计划预期效果										
资源准备	工具			量具			设备			原料
	名称	型号	数量	名称	型号	数量	名称	型号	数量	
工作进程	时间安排			进程内容					负责人	
制订人				制订时间						

3. 填写工艺卡

在表 7 - 2 中编写工作台的加工工艺。

表 7 - 2

钳工工艺卡	产品型号	零件号	零件名称	件数	第　页
					共　页

零件加工路线		零件规格	
		材料	
		重量	
		毛坯料尺寸	
		零件技术要求	

序号	工步名称	设备名称	设备型号	工具编号	工具名称	工序内容	单位工时	备注

【引导问题】

1. 相关知识

(1) 工作台有哪些参数?

____

____

(2) 固定工作台有哪些方法?

____

____

(3) 如何检测工作台的水平?

____

____

(4) 检测水平的仪器有哪些 ?

____

____

2. 技能体验

(1) 排屑槽的加工可以有多少种方法?

____

____

（2）孔系的加工应如何保证孔距的尺寸精度？

____

____

（3）工作台的组装应注意哪些事项？

____

____

（4）应如何加工控制工作台的表面精度？

____

____

【实施过程记录】

在表 7－3 中填写加工过程。

表 7－3

时间	遇到的问题	拟解决方案	最终解决的方法

【检测记录】

在表 7－4 中填写检测记录。

表 7－4

<table>
<tr><td>注意事项</td><td colspan="8">工作台与立板配合后要进行水平测量</td></tr>
<tr><td rowspan="11">成绩评定</td><td>工件号</td><td></td><td>座号</td><td></td><td>姓名</td><td></td><td>总得分</td><td></td></tr>
<tr><td>项目</td><td colspan="3">质量检测内容</td><td>配分</td><td>评分标准</td><td>实测结果</td><td>得分</td></tr>
<tr><td rowspan="8">工作台</td><td colspan="3">⏥ 0.03</td><td>20 分</td><td>超差不得分</td><td></td><td></td></tr>
<tr><td colspan="3">（5±0.03）mm</td><td>10 分</td><td>超差不得分</td><td></td><td></td></tr>
<tr><td colspan="3">（20±0.03）mm</td><td>10 分</td><td>超差不得分</td><td></td><td></td></tr>
<tr><td colspan="3">（30±0.03）mm</td><td>10 分</td><td>超差不得分</td><td></td><td></td></tr>
<tr><td colspan="3">√1.6</td><td>20 分</td><td>超差不得分</td><td></td><td></td></tr>
<tr><td colspan="3">$66_{0}^{+0.03}$</td><td>10 分</td><td>超差不得分</td><td></td><td></td></tr>
<tr><td colspan="3">（56±0.02）mm</td><td>10 分</td><td>超差不得分</td><td></td><td></td></tr>
<tr><td colspan="3"></td><td></td><td>超差不得分</td><td></td><td></td></tr>
<tr><td>安全文明生产现场记录</td><td colspan="3"></td><td>10 分</td><td>违者不得分</td><td></td><td></td></tr>
</table>

【知识拓展】

通过网络查询 T 形槽的作用。

【实践创新】

设计两种以上类型的工作台，填写在表 7－5 中。

表 7－5

工作台的设计	
设计人：	
教师点评	

【过程评价】

在表 7－6 中填写过程评价（1～10 分）。

表 7－6

过程评价	考勤	6S	团队合作	积极状态	挫折心态	创新指数	技能水平	已掌握知识点	签名
自检									
组检									
教师检评									

学习任务八

产品总装

【学习目标】

（1）读懂总装配图。

（2）掌握总装配的技术项目。

（3）学会分析、处理装配过程中的问题。

课时：40 课时。

地点：一体化钳工教学实训中心。

【任务描述】

总装是检测产品项目成果的过程，但需要会分析、处理装配过程中的问题。

【实施过程】

小型冲床的效果图如图 8－1 所示，其装配图如图 8－2 所示。

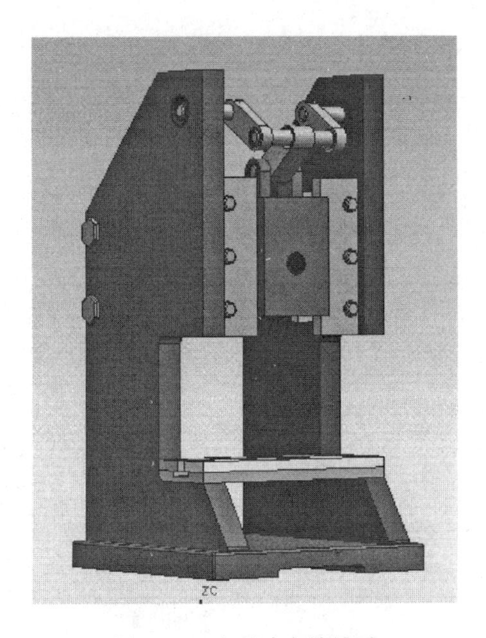

图 8－1　小型冲床效果图

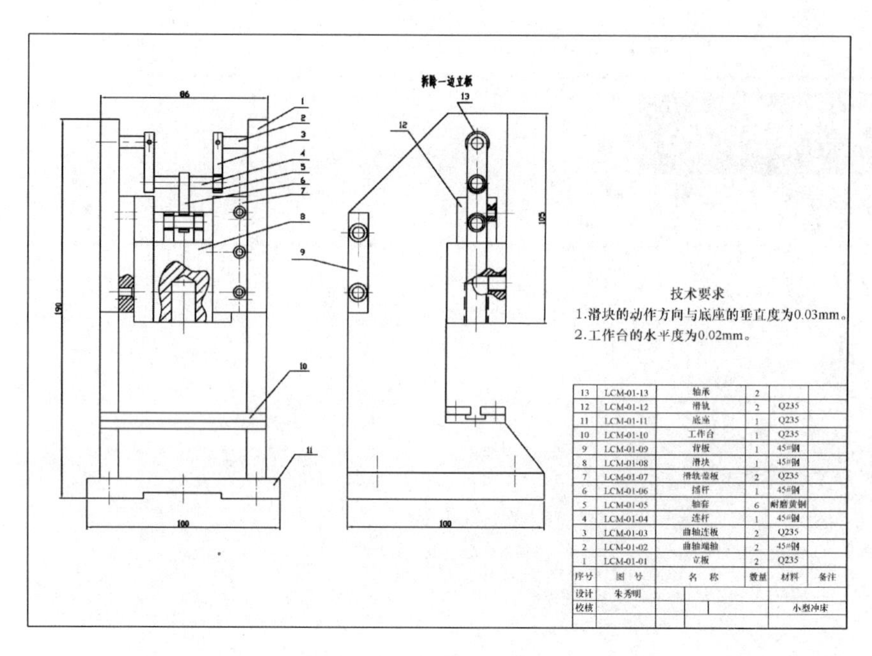

拆除一边立板
86
190
105
100
100
技术要求
1.滑块的动作方向与底座的垂直度为0.03mm。
2.工作台的水平度为0.02mm。
13 LCM-01-13 轴承 2
12 LCM-01-12 滑轨 2 Q235
11 LCM-01-11 底座 1 Q235
10 LCM-01-10 工作台 1 Q235
9 LCM-01-09 背板 1 45#钢
8 LCM-01-08 滑块 1 45#钢
7 LCM-01-07 滑轨盖板 2 Q235
6 LCM-01-06 摇杆 1 45#钢
5 LCM-01-05 轴套 6 耐磨黄铜
4 LCM-01-04 连杆 1 45#钢
3 LCM-01-03 曲轴连板 2 Q235
2 LCM-01-02 曲轴端轴 2 45#钢
1 LCM-01-01 立板 2 Q235
序号 图号 名称 数量 材料 备注
设计 朱秀明
校核
小型冲床

图 8-2　小型冲床装配图

（1）小型冲床的外形尺寸是多少？

______

（2）小型冲床共有多少个零件？

______

（3）小型冲床的总技术要求是什么？

______

（4）明细表里有哪些零件的参数？

______

【引导问题】

1. 相关知识

（1）总装配图一般标注什么尺寸？

______

______

（2）总装配图的技术要求有哪些？

______

______

（3）总装配的原则是什么？

______

______

(4) 总装配的工艺流程是什么?

2. 技能体验

(1) 装配后的检测项目有哪些?

(2) 如何进行装配后的试运行?

(3) 装配使用的工具一般有哪些?

【实施过程记录】

在表8-1中填写装配过程。

表8-1

时间	遇到的问题	拟解决方案	最终解决的方法

【检测记录】

在表8-2中填写检测结果。

表8-2

注意事项	(1) 总装配后要符合技术要求 (2) 总装后要进行试运行						
成绩评定	工件号		座号		姓名		总得分
	项目	质量检测内容		配分	评分标准	实测结果	得分
	总装	立板与底座的垂直度		20分	超差不得分		
		曲轴连杆动作灵活		20分	超差不得分		
		滑块动作顺畅,无阻滞		20分	超差不得分		
		工作台的水平度		20分	超差不得分		
		外观无损伤情况		10分	超差不得分		
		零件齐全		10分	超差不得分		
	安全文明生产现场记录			10分	违者不得分		

【过程评价】

在表 8－3 中填写过程评价（1～10 分）。

表 8－3

过程评价	考勤	6S	团队合作	积极状态	挫折心态	创新指数	技能水平	已掌握知识点	签名
自检									
组检									
教师检评									

学习任务九 成果展现

【学习目标】

展示自己的产品。

课时：28 课时。

地点：一体化钳工教学实训中心。

【任务描述】

成果展现是评价、反馈项目质量的阶段，因此需配备产品说明，并对产品进行推介。

学习活动 1　产品报告、成果展示

【学习目标】

（1）学习撰写产品说明书。

（2）学会推介产品。

（3）学会产品推介的规划。

课时：14 课时。

地点：一体化钳工教学实训中心。

明确任务：根据产品的特点，撰写产品说明书，并运用各种手段进行产品推介。

【实施过程】

（1）找任意产品的说明书，分析产品说明书一般具备什么内容。

____

____

（2）写一份小型冲床的产品说明。

（3）设计小型冲床的外包装。

（4）写一份有关小型冲床的产品推介。

【实施过程记录】

在表 9 - 1 中填写实施过程。

表 9-1

时间	遇到的问题	拟解决方案	最终解决的方法

【知识拓展】

产品推介技巧

一个合格的营销人员，并不一定需要口舌如簧、能言善辩的才能，只要产品推介能做到准确到位，一般都可以成功。当然，前提是必须找到目标客户。推介产品的目的是让客户了解该产品的性能、引起客户的兴趣，从而吸引潜在的顾客去购买该产品。在掌握产品信息的基础上，系统介绍产品的品名、型号、原料、生产商、特点、功能以及使用说明和维护方法。如果再配以企业的生产能力、产品的种类、特点，以及在国内外的影响力、年销售量、出口量等，效果更佳。但要注意以下三个方面：

（1）清楚地描述某产品的特征，包括产品的外观、颜色和体积等；

（2）描述该产品的优点（FAB），让客户知道拥有它能带给自己的好处；

（3）用统计数字、众所周知的事实和别人的经验来证明某产品的优势，增强客户购买的信心，最好在介绍时能配以图片说明。

除此之外，推介的流程和技巧也是很重要。比如，把产品的特性转换成特殊利益的技巧，这是把握产品推介的关键点；成功的产品说明技巧，能帮助客户认识自己存在的问题，同时认同提供的产品或服务能解决客户的问题或满足他的需求；然后再辅以系统的需求确认与陈述方法，从而实现销售成功。

常言道，知彼知己，方能百战不殆。在产品推介之前，认真了解客户的基本情况，了解客户的需求点和问题点，然后根据客户需求，有重点的介绍产品，会事半功倍。需要注意：

（1）行动高于知识，推介产品不是产品知识的普及教育，而是诱导购买动机和行为；

（2）规范统一的推介，行为模式决定了推介水平和效果，一种产品和公司的介绍不能各自为政，五花八门；

（3）重视产品推介，它是任何销售行为的前提和基础，不可随意超越。

说的很简单，做到却很难。在此推荐一种较为有效的产品推介流程，即按照“特性、优点、特殊利益”的推介原则和“指出问题或指出改善现状——提供解决问题的对策或改善现状的对策——描绘客户采用后的利益”的陈述顺序介绍产品。

（1）确认客户的问题及期望改善点，陈述客户当前状况，并指出客户目前期望解决的问题或期望得到满足的需求；

（2）明确告诉客户你的产品能解决客户的什么问题，反对包医百病；

（3）准确告诉客户你的产品可以达到的效果，建议用直观的图表和数字说话。

【过程评价】

在表 9－2 中填写过程评价（1～10 分）。

表 9－2

过程评价	考勤	6S	团队合作	积极状态	挫折心态	创新指数	技能水平	已掌握知识点	签名
自检									
组检									
教师检评									

学习活动 2　产品评价、可改造拟案

【学习目标】

（1）学会对产品给予评价。

（2）学会对产品存在的问题提出解决的方案。

课时：14 课时。

地点：一体化钳工教学实训中心。

【实施过程】

（1）写出自己产品存在的优点和缺点。

____

____

____

____

（2）如果重新再做一套，自己会在工艺上的哪个环节进行改进？

____

____

____

____

（3）对目前的产品，还可以在哪个方面进行改进？

____

____

____

（4）根据自己的创意，在目前的产品上还可以增加什么机能结构？填写在表 9－3 中。

表 9－3

产品改造方案

教师点评	

【过程评价】

在表 9－4 中填写过程评价（1～10 分）。

表 9－4

过程评价	考勤	6S	团队合作	积极状态	挫折心态	创新指数	技能水平	已掌握知识点	签名
自检									
组检									
教师检评									

在表 9－5 中填写项目总结。

表 9－5

项目总结
总结人： 日　期：